U0068819

汽車故障快速排除

石　施　編著

全華圖書股份有限公司

編輯部序

　　「系統編輯」是我們的編輯方針，我們所提供給您的，絕不只是一本書，而是關於這門學問的所有知識，它們由淺入深，循序漸進。

　　由於臺灣經濟的富裕，生活水準普遍提高，汽車佔有率也節節上升。本書就是專為愛車人士所寫，不管您是車主，或是維修技師，只要對動手修護有興趣，本書就是您最佳選擇。全書包括汽車引擎、汽車底盤、汽車電氣設備的故障快速排除，以故障特徵、原因、如何排除三個程序敘述，相當清楚易懂，此外尚有汽車常見故障的Ｑ＆Ａ，實用性極高。

　　同時，為了使您能有系統且循序漸進研習相關方面的叢書，我們以流程圖方式，列出各有關圖書的閱讀順序，以減少您研習此門學問的摸索時間，並能對這門學問有完整的知識。若您在這方面有任何問題，歡迎來函連繫，我們將竭誠為您服務。

相關叢書介紹

書號：0507401
書名：混合動力車的理論與實
　　　際(修訂版)
編著：林振江 施保重
20K/288 頁/350 元

書號：0555301
書名：汽車煞車系統 ABS 理論與
　　　實際(修訂版)
編著：趙志勇 楊成宗
20K/400 頁/350 元

書號：0395002
書名：現代汽車電子學(第三版)
編著：高義軍
16K/776 頁/680 元

書號：0556903
書名：現代汽油噴射引擎(第四版)
編著：黃靖雄.賴瑞海
16K/360 頁/400 元

書號：0609601
書名：油氣雙燃料車－LPG 引擎
編著：楊成宗 郭中屏
16K/248 頁/280 元

書號：0587301
書名：汽車材料學(第二版)
編著：吳和桔
16K/552 頁/580 元

書號：06180
書名：車輛感測器原理與檢測
編著：蕭順清
16K/192 頁/240 元

書號：06060
書名：現代低污染省油汽車的
　　　排放管制與控制技術
編著：黃靖雄、賴瑞海
16K/496 頁/500 元

書號：0576502
書名：汽車塗裝(第三版)
編著：王之政、王裕寧、張建興
20K/432 頁/450 元

書號：10137
書名：汽車板金塗裝學－塗裝篇
編著：曾文賢
16K/236 頁/400 元

◎上列書價若有變動，請
以最新定價為準。

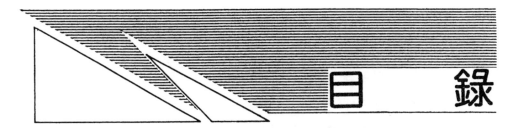

目　　錄

第二章 汽車底盤的故障快速排除 *2-1*

第一章

汽車引擎故障的快速排除

(一)引擎起動故障的快速排除

□引擎因起動馬達運轉不良而不能起動

與蓄電池相關的引擎起動故障

○故障特徵

接通點火開關起動馬達,引擎仍不能起動,甚至連引擎特有的轉動聲都沒有。仔細觀察徵狀,會發現有下述情況:

(1)　起動馬達根本不轉。

(2)　起動馬達轉動緩慢而無力。

(3)　起動馬達空轉,等等。

○故障原因

蓄電池的電容量對起動馬達的性能影響極大,所以在遇到這種故障時,第一個要檢查的部位就是蓄電池(圖1-1)。

檢查蓄電池的方法很簡單,可試鳴喇叭,如果喇叭不響或音響很弱,說明蓄電池電已用完。如果喇叭響聲正常,則說明與起動馬達連接的蓄電池正負極接線椿接觸不良,或者是起動馬達本身有問題,或者是電路有故障。

但是,在正常情況下,起動馬達突然損壞的情形幾乎是沒有的,因此,按照診斷順序,首先應檢查電源——蓄電池,其次檢視起動馬達與電源間的導線是否連接牢靠。診治手法如下。

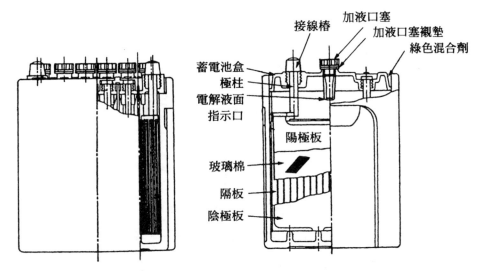

接線椿
加液口塞
加液口塞襯墊
綠色混合劑
蓄電池盒
極柱
電解液面
指示口
陽極板
玻璃棉
隔板
陰極板

圖1-1 蓄電池的基本構造

○故障快速排除

(1) 檢查蓄電池電解液容量。如果蓄電池電解液容量達到外殼側面的上
水平線，即為合格。如果電解液容量不足時，應將加液口塞全部卸
下一一檢查，邊檢查邊補充蒸餾水(圖1-2、1-3)。

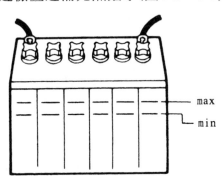

max
min

電解液在蓄電池使用一定期間以後，會由於蒸發而逐漸減量。電解
液液面如果在上下極限之間為合格。如果低於下限(min)，就一定要
加入蒸餾水到液面的上限(max)。

圖1-2 檢查蓄電池電解液

拆去負極接線電極(黃銅)

圖1-3　檢查電極接線樁

(2)　用扳手鬆開蓄電池負極接線樁的緊固螺母，摘下連接導線。這是一項基本的順序作業，目的是檢查起動系統電路是否有斷路和蓄電池樁頭有無鬆脫，以防短路。

(3)　用手搖動蓄電池和起動馬達的連接導線，如果發現有鬆動或脫落現象時，應及時用工具重新鎖緊。

(4)　接線樁部位接觸不良時，鬆開固定螺母取下導線，用紙、布等將黏附在導線端、接線樁上的污物擦拭、打磨和清除乾淨，以改善導線與蓄電池接線柱間的導電性能，而後重新安裝。

(5)　蓄電池放完電，除進行充電外別無他法。檢查結果，如果蓄電池正常、電路接線上也無異常，但起動馬達仍不轉動，可以肯定的是起動馬達出了毛病。

(6)　寒冷環境對蓄電池的工作性能影響很大。一到冬天，許多駕駛員往往因引擎起動困難而被弄得束手無策。這是由於冬季氣溫低，蓄電池內部的化學反應作用衰減造成的。例如，電解液溫度為25℃時，蓄電池容量為100％；當溫度下降到－10℃，蓄電池的供電能力降

低到70％左右。所以，在冷天如果用了電解液不足，比重又很低的
蓄電池，常常會造成引擎起動困難(圖1-4、圖1-5、圖1-6)。

　　為了使蓄電池經常處於良好狀況，以及延長它的使用壽命，冬季
時，應注意經常保持蓄電池電解液在充足狀態，防止電解液比重降低而
凍結，以致容器破裂、極板彎曲和活性物質碎落等故障發生。此外，冬
季向蓄電池加蒸餾水時，只能在引擎運轉、發電機向蓄電池充電時進
行，以免水和電解液因混合不均勻而引起結冰。冷車起動時尚應進行預
熱，且每次接通起動馬達的時間不應超過5秒。如需重覆起動則應停息
15秒後進行。

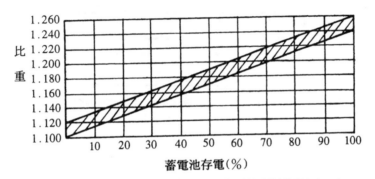

圖1-4　蓄電池電解液比重和蓄電池存電的關係曲線圖(20℃)

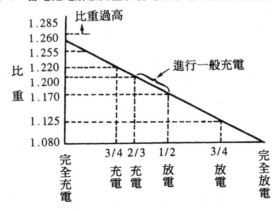

圖1-5　蓄電池電解液比重和充電時期的關係(20℃)

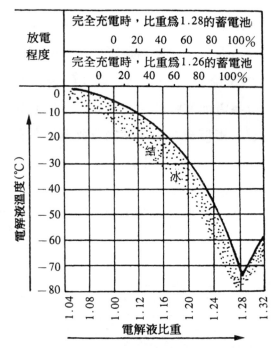

圖1-6 蓄電池放電程度、電解液比重和冰點溫度的關係(20℃)

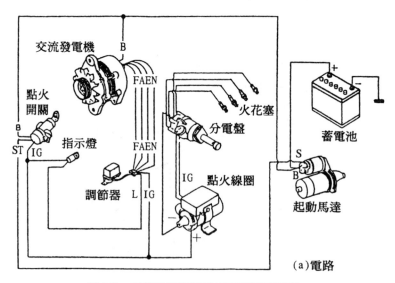

圖1-7 引擎的起動結構示意(電路與油路)

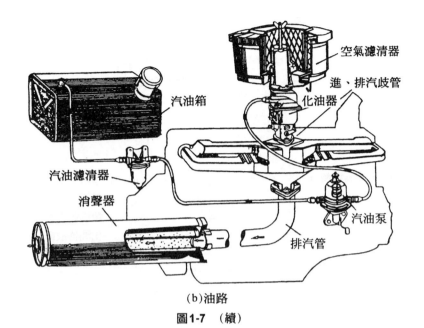

空氣濾清器

進、排汽歧管

化油器

汽油箱

汽油濾清器

消聲器

汽油泵

排汽管

(b)油路

圖1-7　(續)

　　在寒冷環境裡，有人在蓄電池外殼包一個棉布套，這種傳統的保溫
方法，至今仍是一種有效的防寒措施。

　　引擎的起動結構示意圖(圖1-7)及其起動故障表解析如下：

表1-1　引擎不能起動的故障分析表

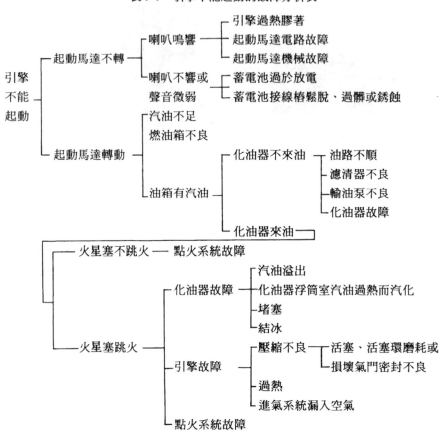

❏起動馬達運轉正常而引擎仍不能起動

與化油器相關的引擎起動故障

○故障特徵

　　接通點火開關和起動開關，起動馬達雖然運轉正常，但引擎根本不能起動。

　　起動馬達可以轉動，顯然證明蓄電池、起動馬達沒有故障，剩下值得懷疑的是燃料供給系統和點火系統是否會有故障。

○故障原因

　　引擎能起動並獲得動力的必要條件在於：汽油混合汽的品質(是否過濃或過稀——編者註)和強力的高壓點火，這是大家都清楚的。然而產生這兩大要素的系統之作用是否正常，是診斷故障的要點。

　　從"一電二汽"的故障發生可能性來看，兩者都不可忽視，所謂的"一"、"二"，只是一個判斷時相對難易的排列問題，從實踐經驗來說，一般認為油路或氣路故障相對於電路故障要容易判斷，為此，我們就從燃油供給系統診斷談起(圖1-8)。

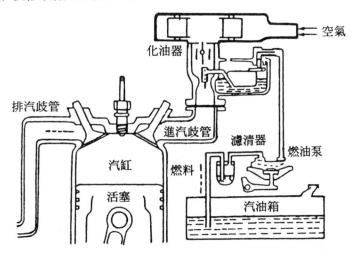

圖1-8　汽油引擎燃料供給系統示意圖

○故障快速排除

⑴　接通點火開關後，汽油錶只要有微量的擺動，即可判定有汽油。

⑵　下一步打開引擎蓋，確診化油器是否來油。

化油器是否來油，可根據化油器不同結構而定。若化油器浮筒室油面高度是由透過玻璃檢視窗檢查的型式，則汽油面應在規定處為合格。進口汽車中，有下列兩種較常見到的油位檢視窗口型式(圖1-9)。

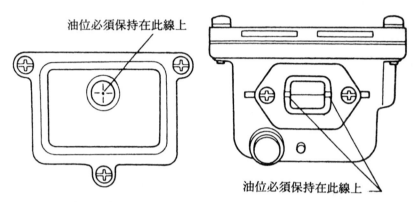

圖1-9　檢查浮筒室油面高度時，車應停放在水平路面上

加速泵噴頭

在引擎停轉的情況下，通過打開節汽門使加速泵工作。檢查
一次油口上的加速泵噴頭是否噴油順利無阻滯。

圖1-10　檢查化油器的來油情況

若化油器浮筒室油位不是從外部觀察的型式，要檢查是否來油，可先拆下空氣濾清器，由一個人幫助踩加速踏板(俗稱油門踏板)，或用手拉節汽門拉鈕，一個人觀察此時化油器加速泵口有無油噴出，如果有油噴出，說明化油器來油(圖1-10)。

若檢查結果與正常情況不同，表明發生化油器不來油故障。

進一步檢查化油器不來油的癥結

○故障原因

化油器不來油，顯然混合汽無法形成，進而導致引擎不能起動。但是，檢查油箱，油箱內汽油又很滿，此時就應診斷從油箱到化油器這段油路中是否有了故障，油路故障可用下述方法診治。

○故障快速排除

⑴ 拆下化油器浮筒室與供油泵出油口連接的橡膠油管(也有的是鋼製管)。

⑵ 當用機械式供油泵時，可由一人連續地起動2～3秒起動馬達，此時，汽油如果能從油管順暢流出，說明輸油泵工作正常。

⑶ 現代汽車上多已改用電動油泵，接通點火開關，供油泵就工作。但是為了用車安全，也有引擎不轉動，供油泵不能工作的方式，這種場合，起動馬達起動數秒內，汽油就能流出。不論哪種方式，檢查時，為防止汽油到處飛濺，要用破布擋住油口(參見圖1-11)。

⑷ 檢查從油泵方面是否來油時，須遵循以下注意事項：

　① 檢查要在引擎處於冷態時進行。

　② 檢查過程中為防止汽油著火，要一直遠離易燃物品。

　③ 為了現場的安全，要盡可能在短時間內完成。

　④ 拆卸化油器上的進油軟管(或鋼管等)後，要堵住化油器部的連接

口。

⑤　將合適的容器放在進出軟管的口處，並在容器下放一塊抹布。

⑥　拆下油壓開關接頭和交流發電機"L"端子。檢查後，不要忘記連接接頭和端子。

　　以上檢查結果，若汽油未從油管流出，則按下列順序檢查判斷是否油泵不良、燃油濾清器不良、汽油箱的調壓閥不良等等。

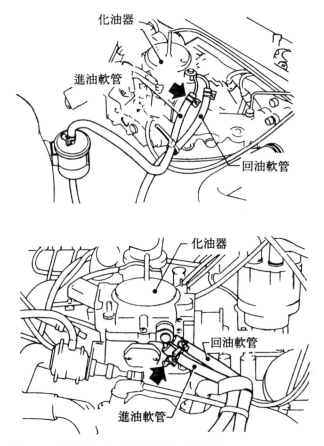

圖1-11　化油器、進回油軟管和電動油泵三者間的布置形式

跟蹤檢查油泵的故障

　　首先我們從油泵的外觀及其構造、動作原理了解一下(圖1-12、圖1-13)。

這是一種安置在油箱上的濕式油泵。它的葉片滾子直接與充滿燃油的馬達聯在一起(電動式)

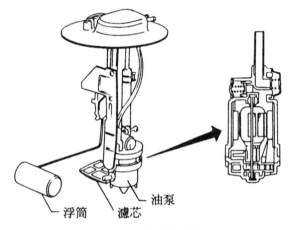

圖1-12　油泵的外觀

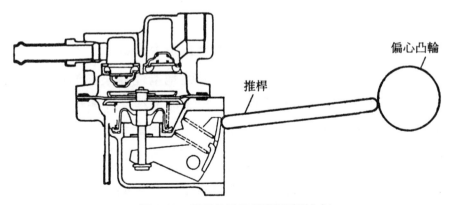

圖1-13　油泵的動作示意圖(機械式)

　　油泵有機械式和電動式兩種，其中以機械式油泵裝用得最多。使用汽油噴射引擎的汽車則採用電動油泵。

　　機械式油泵通常裝在引擎旁邊，由引擎凸輪軸的偏心輪驅動。油泵內有一個搖臂，平時停靠在凸輪軸的偏心輪上，當凸輪軸旋轉時，驅動搖臂上下搖動。油泵內搖臂和一個可以伸縮的泵膜相連接，膜片下裝有一個彈簧，始終給彈簧施以推力。搖臂搖動時，將膜片推向下，然後鬆開讓膜片在彈簧的推力下返回原位。這種膜片的連續運動，在膜片上面空間產生局部真空和壓力。油箱內的汽油被真空吸出再被壓力推向化油器。故障的電動油泵只能更換。

○故障原因

　　一般來說，機械式油泵十分可靠，即使出了故障，往往是膜片破裂引起輸油不足。有時油泵搖臂或彈簧磨損過度，也會造成輸油不足，這種故障容易識別。老式機械油泵可修，但新式的油泵因為不可拆卸，一旦失效，就得換新。

○故障快速排除

⑴　首先檢查泵機構中驅動膜片工作的推桿是否損壞。

　　卸下供油泵進油側的油泵，用手指輕輕地堵住油泵進油口，試啓動起動馬達。此時若指尖感覺到有吸力，可證明推桿完好無損。

⑵　指尖無被吸感，說明推桿已損壞，油泵應整體更換，當然有條件時可以換件修復。

　　電動油泵工作時，若發出一種有力的泵油聲，則說明該泵完好，如果無此泵油聲，說明供油泵發生故障。

燃油濾清器堵塞也是化油器不來油的原因

　　整個供油系統除在油箱底部有一濾網外，在油箱與化油器之間也安裝一個濾清器。

　　在有些供油系統裡，濾清器是油泵的一個零件；有的供油系統則將濾清器裝在輸油管路上；也有供油系統將濾清器裝在化油器的進油口或與化油器裝於一體。在更換濾清器時，將會看見大量的沉渣。

簡介幾種濾清器

　　串接式汽油濾清器——裝在油泵與化油器之間。多數為一次性使用，將皺紋紙零件封在一透明的塑料罩中，罩子可重復使用，髒紙可以更換。

　　裝在化油器裡的濾清器——此濾清器上有螺紋，可以旋入化油器體內。該濾清器體內也是用濾紙或尼龍濾芯以濾清沉渣，濾芯也是一次性使用(圖1-14)。

圖1-14　化油器內裝置濾清器

　　柴油濾清器／水分離器——通常用於柴油轎車或柴油載貨汽車上。但對於汽油汽車也可選用，只是在使用中，若汽油中含水量過多，該濾清器能將水分離。是一種串接式結構，有一可換濾芯。這種濾清器有兩級濾清作用，下面一級除去$1\mu m$以下的沉渣並形成大的水滴，在上面一級中，燃油可以自由地通過，但水卻不可通過，水會沉積於底部(圖1-15)。

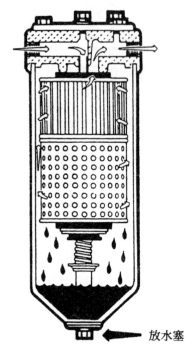

放水塞

圖1-15　柴油濾清器／油水分離器

○故障原因

　　燃油濾清器是濾去混入油中雜質的零件，一旦雜質完全阻塞了濾清器，會因此而造成汽油不能暢流貫通和供油不足。

○故障快速排除

⑴　拆下濾清器(圖1-16)，試用嘴吹一下靠汽油箱側的進油管接頭端口，確認其是否通氣。

⑵　有兩種情況可證明濾清器是否被堵塞，分別是：

　　①　徹底堵塞不通氣。

　　②　用足氣力吹才通氣。

　　現代汽車上裝用的濾清器，大多是不可分解的筒式濾清器，一旦被堵塞，大可不必去檢修，最好整體更換。

⑶　通常濾清器的更換期以使用兩年、行駛里程達5萬公里爲限。

⑷　汽油濾清器四周常有滲漏現象，所以"緊固"是一項十分重要的作業內容。

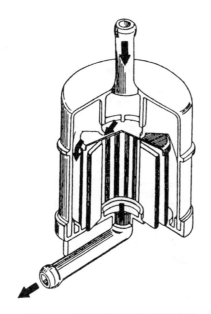

圖1-16　汽油濾清器的構造簡圖

化油器不來油與燃油箱有關

　　當供油泵工作正常，汽油濾清器也無異常情況，而引擎起動仍困難時，則可推斷故障有可能出在油箱方面。

　　爲了防止汽油在行駛中因震盪而被濺出和箱內汽油蒸汽的逸出，以及爲了適應現代環保法規，大多汽車已採用密閉型油箱。由於油箱內汽油的消耗，箱內壓力會降低，因此而設置調壓閥，汽油箱自動與大氣相通，以經常保持油箱內壓力處於恆定狀態。

○故障原因

調壓閥一旦有了故障而不能工作時，汽油箱內壓力下降，油泵將不能從中吸出汽油，因此造成供油不足。

○故障快速排除

圖1-17所示是帶有調壓閥的油箱蓋。該閥裝於蓋內，當箱內有油卻供油不足時，可卸下油箱蓋，試起動引擎，視其是否運轉。此時若引擎起動，可以肯定，原來是調壓閥發生故障，應立即更換。

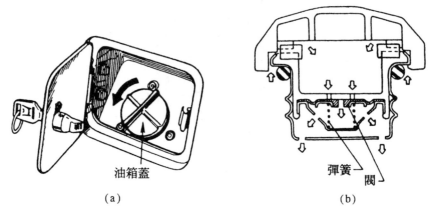

油箱蓋

(a)   彈簧　閥

(b)

圖1-17　帶調壓閥的油箱蓋

檢查步驟如下：

(1) 將閥體擦淨並置放於嘴邊；

(2) 吸汽。

　① 如果此時感覺伴有輕微的阻力，則說明該閥的機械狀況良好(請注意：若繼續吸汽，阻力應當消失，閥發出"咔嗒"聲)。

　② 如果閥堵塞或者感覺不到阻力時，可以將油箱蓋總成整個換掉。

起動系統與供油系統的基本故障檢修表解

　　這是針對上文起動系統故障和油路故障引起引擎不能起動的總結，僅提綱性與重點性的提示您掌握車輛故障情況，以便快速找到解決問題的方法。

　　起動系統的許多故障大多是因保養維修不當所致。供油系統的問題都是因為系統內部髒污、潮濕或燃油流動受阻造成的，只要我們了解故障現象，懂得產生故障的原因，解決的方法就會迅速找到，如表1-2所示。

表1-2

故　障　現　象	產　生　原　因	快　速　排　除
引擎曲軸轉不動(電磁開關或繼電器無"咔嗒"聲	・蓄電池電能放盡。 ・接頭鬆脫、腐蝕或損壞。 ・蓄電池接線樁腐蝕(但電燈仍點亮)。 ・點火開關失效。 ・空檔開關或離合器開關失效(試驗：踏下煞車踏板，起動開關鑰匙旋於起動位置)搖動變速桿，踏下離合器踏板。 ・起動馬達開關、電磁開關或繼電器損壞。	・蓄電池充電或更換。 ・清潔或修理接頭。 ・清潔接線樁。 ・檢查點火開關／更換。 ・檢查或更換空檔開關或離合器開關。 ・更換失效的零件。
引擎難於起動(電磁開關或繼電器有"咔嗒"聲	・蓄電池存電少或電能放盡。 ・蓄電池接線樁或電纜腐蝕。 ・起動馬達電磁開關或繼電器失效(用螺絲刀或遙控開關作短接試驗)。 ・起動馬達失效(如果電流通過繼電器或電磁開關)。	・充電或更換。 ・清潔或更換接線樁與電纜。 ・更換失效的零件。 ・更換起動馬達或仔細檢查。
起動馬達能旋轉，但引擎不轉	・起動馬達驅動齒輪損壞。 ・飛輪齒環損壞。	・更換驅動齒輪。 ・檢查飛輪。

(續前表)

故　障　現　象	產　生　原　因	快　速　排　除
當引擎處於冷卻狀態時可以發動，但不能起動或難於起動	・油箱無油。 ・起動步驟不正確。 ・油泵失效。 ・化油器內無油。 ・汽油濾清器阻塞。 ・引擎溢油。 ・阻風門失效。 ・冬季燃油凍結。	・檢查確認後添加。 ・按正確步驟起動。 ・檢查油泵的出油口。 ・檢查化油器。 ・更換。 ・等待15分鐘後重新起動。 ・檢查、維修。 ・比重問題。
當引擎處於熱狀態時可以發動，但不能起動或難於起動(假定有燃油)	・阻風門失效。 ・汽阻。	・檢查、修理。 ・排汽放油。
引擎溢油、起動不了，有未燃汽油的氣味	・阻風門或化油器調整不當。	・等待15分鐘後重新起動引擎，但不要踩油門踏板，如果仍不能起動，檢查化油器。

□點火系統故障會招致引擎起動困難

　　我們先判斷了油路方面的問題，如果檢查結果，燃油供給系統確無故障存在，那麼再從點火系統方面檢查。即檢查點火線圈產生的高壓電是否能在火星塞電極間產生電火花，以點燃由化油器所形成在汽缸裡被壓縮的燃油混合汽。

○故障特徵

　　若徵狀為化油器浮筒室來油，而引擎仍不能起動的情況。

　　汽油充足、起動馬達運轉也正常，那麼大體上有把握徵結是在點火系統方面。

　　首先應從火星塞開始檢查，檢視其跳火狀況，即二次線圈電壓是否正常。

○故障快速排除

⑴　從火星塞上取下與其連接的高壓線(圖1-18)。

⑵　接通點火開關，將螺絲起子尖端插入才取下的一根高壓線的⊕極端(當起動開關接通之時，因引擎處於起動狀況，螺絲起子的金屬部有高壓電，務請注意手要握在螺絲起子的木柄部，如果手觸金屬部，立即會有一種"麻辣辣"之感，雖不危及生命，但也令人難受)。

⑶　將插到高壓線⊕極端的螺絲起子金屬部，靠向與引擎機體(注意油類等易燃物不要沾著在機體表面)相距5mm處進行跳火檢視。如果引擎運轉過程中不熄火，同時還發生"啪、啪"的跳火聲和青白色火花，即可斷言，不論是連接點火線圈和分電器中央的高壓線，還是連接火星塞的分電器蓋的高壓線，皆無故障(圖1-19、圖1-20)。

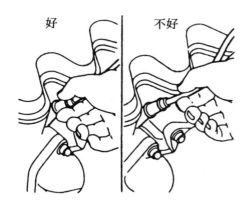

圖1-18　摘下接火星塞的高壓線時

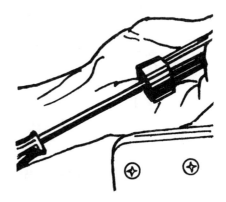

圖1-19　將螺絲起子插到高壓線⊕極端

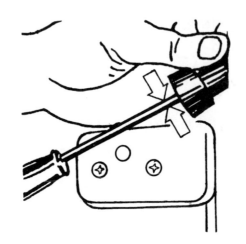

圖1-20　　檢查高壓跳火情況

(4)　用以上試驗方法分別對各火星塞高壓線進行跳火檢查。與引擎運轉的同時，四根高壓線跳火都很穩定，有節奏，說明高壓導線正常。

引擎因點火系統故障而起動困難的故障分析，參見下列圖(圖1-21～圖1-24)、及表1-3。

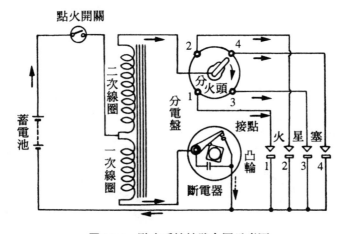

圖1-21　　點火系統線路布置示意圖

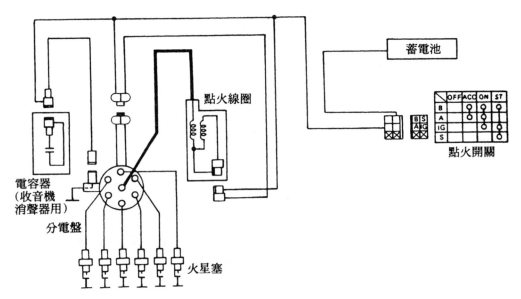

圖1-22　轎車VG30型引擎點火系統

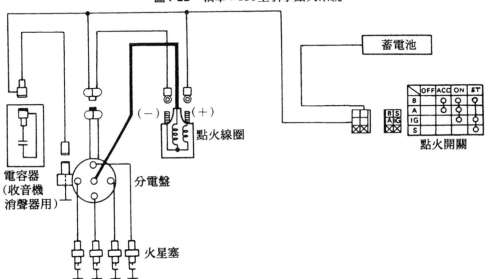

圖1-23　轎車CA20S型引擎起動系統

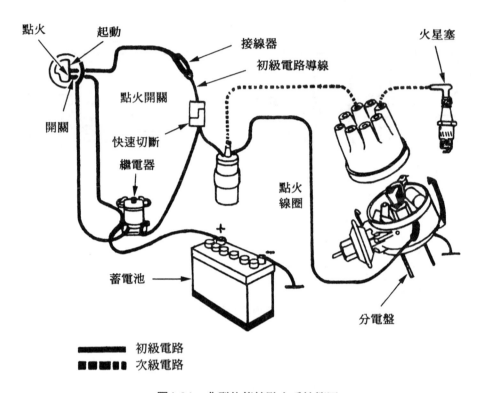

図1-24　　典型的傳統點火系統簡圖

表1-3　引擎起動困難的故障分析表

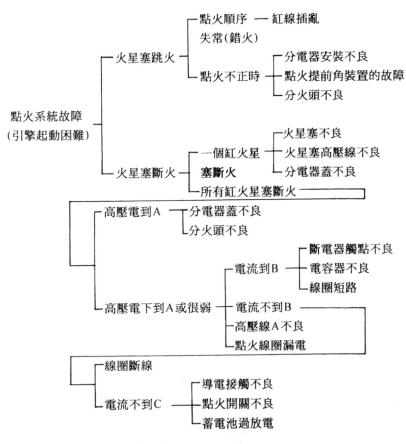

若干缸或個別缸的火星塞斷火

　　火星塞電極間的跳火條件，如前所述，是以電流的順暢導通為前提的，不能違反由"蓄電池→點火開關→電阻→一次線圈→分電器→二次線圈→火星塞"這一流程。

　　在汽油引擎故障中，一般來說，較嚴重的故障無不與電有關。首先是電源故障，即蓄電池損壞，其次是點火系統故障。

　　火星塞斷火或火花微弱，毫無疑問是點火系統的故障。

火星塞點火不良

○故障特徵

並非所有火星塞點火不良,譬如只有一個缸的火星塞斷火的情況。

電火花不跳過火星塞電極間隙時,或許是火星塞自身不良(如短路等),或許是火星塞以外的原因(如缸線脫落等),所以故障診治的手法自然也就不同。

○故障快速排除

故障原因在火星塞的場合:

(1) 輕輕地將火星塞於罩套處拆下(不要硬拽電線),而後清除乾淨其周圍的髒物,以免在旋下火星塞時,髒物落入缸內。

(2) 用合適尺寸的套管扳手和必要的加長柄取下火星塞,一定要使套管扳手豎直套入,然後反時針旋下(圖1-25)。

(3) 火星塞拆下後,檢視髒污狀況並依據髒污分析原因(表1-4所示)。火星塞的燒損情況是引擎工作好壞的"晴雨表"(圖1-26)。

(4) 火星塞卸下後,不得亂放,應按缸序排好;用手指尖輕輕地觸一下火星塞絕緣體裙部,確認其是否熱。火星塞如果熱,說明正常,而不熱的火星塞,可以肯定該火星塞點火失效。

(5) 著重檢視火星塞電極的燒蝕情況。檢查內容包括電極燒損情況、損壞程度、電極間隙、積碳等等。

正常的火星塞,其絕緣瓷套的光部呈淺棕褐色,電極電蝕十分輕微,有輕微的積碳也屬正常現象,並不降低引擎的性能。

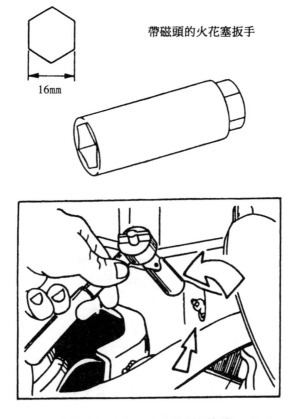

帶磁頭的火花塞扳手

16mm

圖1-25　引擎火星塞的拆卸方法

表1-4　火星塞的髒污和病因

徵　狀	原　因
火花塞嚴重髒污	混合汽過濃、點火過遲、機油上竄、機油下竄、火花塞間隙不合適
電極嚴重燒蝕	混合汽過稀、引擎過熱

註：①機油上竄是指機油從活塞環與汽缸間隙竄入燃燒室；
　　②機油下竄是指機油從汽門導管與汽門桿間隙竄入燃燒室。

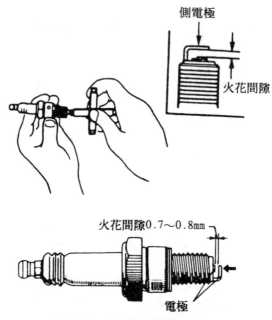

圖1-26　火星塞的間隙及測量

　　不正常的火星塞，通常有如下外貌：

· 積碳污損嚴重——火星塞覆蓋了一層黑乾鬆軟的碳粉。

· 積油污損嚴重——點火端覆蓋了一層潮濕的油膜。

· 積灰——在旁電極或中心電極上形成一層淡褐色或白色的表皮，看起來像生了銹。

· 分散的積污——在火星塞絕緣套上出現不同程度分散的污點沉積。

· 破裂——火星塞絕緣套破裂。

· 光亮層——在火星塞上部形成一層黃亮或黑紅亮的表層。

· 電極燒蝕過度——絕緣陶瓷套呈潔白色，而且有起疤的現象，但無積碳。

間隙過大或過小，等等。

　　使用過的火星塞，電極上一般都有積碳，只是多少而已，積碳過多是不正常的。仔細查看中心電極，若變圓表示因燒損過度，這種火星塞應予報廢並換用新件。

(6)　火星塞的跳火部(即電極)是伸進引擎燃燒室內的，所以查明火星塞的燒損情況，可分析而知引擎有何徵狀，僅舉一例。

　　例如：

　　火星塞積油往往是因潤滑油或汽油控制不良所造成的。在用久了的引擎上，機油通過活塞環或汽門導管漏進燃燒室；曲軸箱通風控制閥阻塞以及油泵膜破裂等，也會造成這種現象。積油的情況也常見於新引擎或剛大修過的引擎，多因潤滑系統未調整好所致。

(7)　查明確定要報廢的火星塞(如外套破裂等)。換用的火星塞必須符合生產廠家規定的熱值、型號等。

　　如果僅僅是有積碳、油污，可用刷子清除後**繼續**使用。爲了節省保修經費，像清除火星塞髒污這類簡單作業，一般自己動手就可以了。

　　火星塞的清潔及間隙檢查調整，參見圖1-26、圖1-27。

(8)　火星塞安裝作業時，順序正好與卸下作業時相反，即先卸者後裝，後卸者先裝，並使火星塞旋入螺紋部與汽缸的螺紋部正確對合，不能錯扣，以免損傷螺紋。旋入(前)時，最好在螺紋上滴一滴機油，用手旋進，再用火星塞套管扳子鎖緊。

　　更換轉子引擎的火星塞時，須特別注意火星塞旋入部分的長度。**轉子引擎**上側，因轉子離塞孔稍遠，所以安裝問題不大，但下側如果安裝了規格型號不符的火星塞，因旋入部過長，電極突出於汽缸壁之外，就會與密封片碰觸。

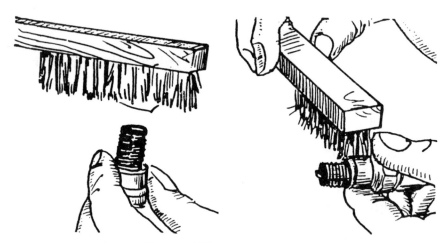

圖1-27　清除火星塞上的髒污

點火系統方面的故障

　　火星塞檢查結果，如果未發現特別異常，則應考慮點火系統其它部位的故障可能，即順著分配點火線圈產生高壓電的分電盤蓋、將高壓電引進燃燒室火星塞電極的高壓線進行檢查。

高壓線故障

　　檢查高壓線良否，必須用一個多用途測試儀錶(萬用電錶)，它應能在下列範圍內進行準確測量(圖1-28)：

　　　　　$0\sim20V$直流，$0\sim1000\,\Omega$

　　　　　$0\sim10V$直流，$0\sim5000\,\Omega$

　　通常，高壓線的阻值為$5000\,\Omega$左右，如果超過$10000\,\Omega$或根本不導通，說明高壓線不良(具體阻值應遵照所用車型點火系統而定)。

　　火星塞高壓線因很少顯露損壞跡象的失效，最易爲車輛使用者所忽視。每次調整時，應通過目視檢查，即將高壓線用手折彎可發現是否脆化、裂口或燒壞的痕跡(圖1-29)。

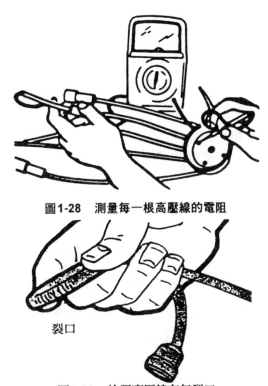

圖1-28　測量每一根高壓線的電阻

裂口

圖1-29　檢視高壓線有無裂口

　　對於傳統點火系統的汽車來說，也可將其從火星塞和分電盤蓋上拆下單獨測量。測量時只要將高壓線的兩頭插入歐姆錶的兩個接線柱上。通常規定0.3m長的高壓線，阻值應在3000～7000Ω之間，顯著超過該值的高壓線都要更換。

　　電子點火系統的高壓線檢查方法與此略有不同，不要將火星塞高壓線取下，只要卸下分電盤蓋，連同分電盤蓋一起測量阻值(圖1-30)。

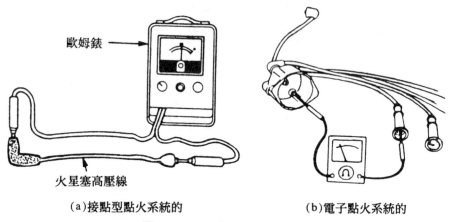

歐姆錶

火星塞高壓線

(a)接點型點火系統的　　　　　　　　(b)電子點火系統的

圖1-30　測量高壓點火線阻值

分電盤故障

我們常見到有如下幾種分電盤結構(圖1-31)。

點火線圈產生的高壓電被引到分電盤蓋中央插孔,經分電盤碳精觸頭
(即分電盤中心觸頭),由分火頭(即轉子頭)頂端導電片將高壓電分配到
分電盤蓋內的四個分電邊電極,並依次將電流按照汽缸1-3-4-2或
1-2-4-3的點火次序導至相應汽缸的火星塞。

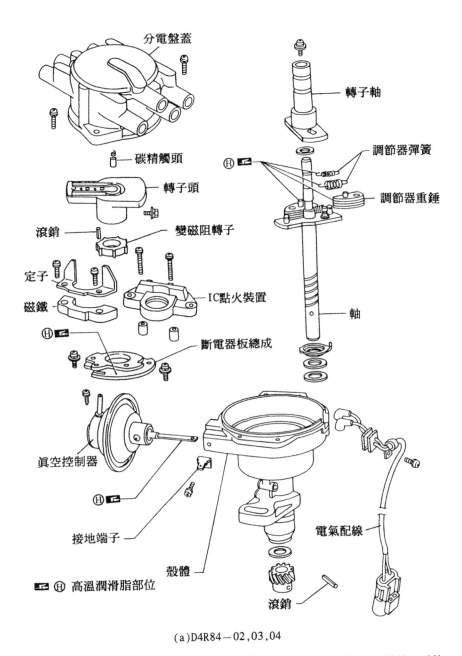

分電盤蓋

碳精觸頭

轉子頭

滾銷

變磁阻轉子

定子

磁鐵

IC點火裝置

斷電器板總成

轉子軸

調節器彈簧

調節器重錘

軸

真空控制器

接地端子

殼體

電氣配線

滾銷

🔧Ⓗ 高溫潤滑脂部位

(a)D4R84-02,03,04

圖1-31　電子點火系統分電盤(a)、(b)、(c)與傳統式點火系統分電盤(d)的結構、零件

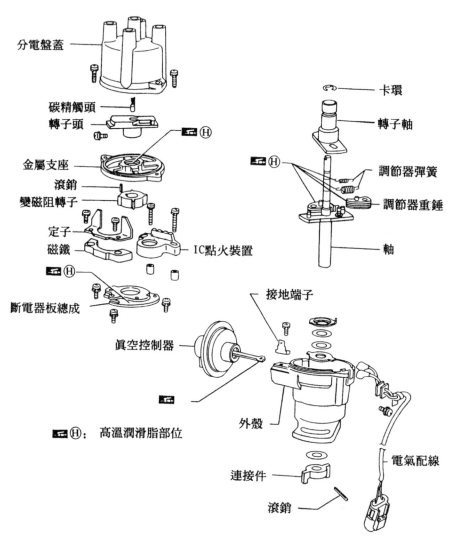

分電盤蓋

碳精觸頭

轉子頭

金屬支座

滾銷

變磁阻轉子

定子

磁鐵

IC點火裝置

斷電器板總成

卡環

轉子軸

調節器彈簧

調節器重錘

軸

接地端子

真空控制器

外殼

電氣配線

連接件

滾銷

：高溫潤滑脂部位

(b)D4R84－14,15

圖1-31 （續）

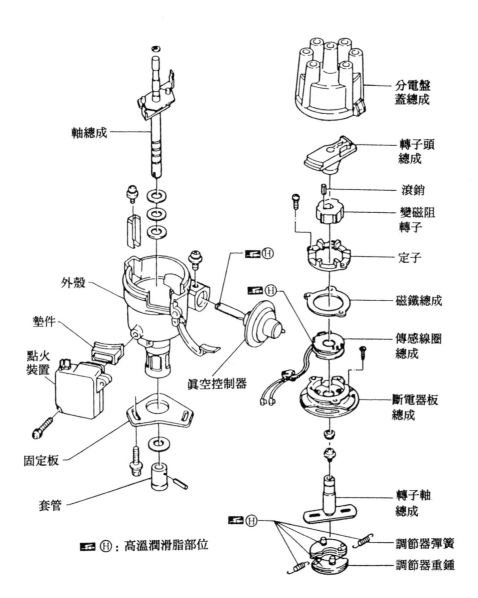

軸總成

外殼

墊件

點火
裝置

固定板

套管

真空控制器

分電盤
蓋總成

轉子頭
總成

滾銷

變磁阻
轉子

定子

磁鐵總成

傳感線圈
總成

斷電器板
總成

轉子軸
總成

調節器彈簧

調節器重錘

：高溫潤滑脂部位

(c)D6K84－01

圖1-31　（續）

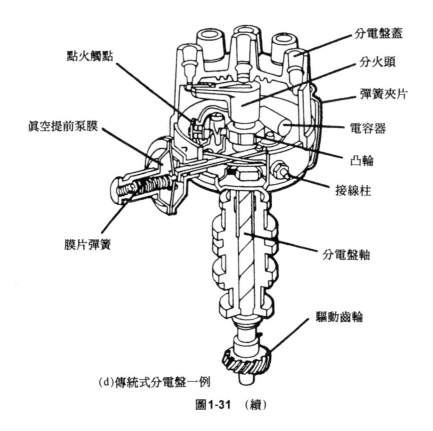

點火觸點

真空提前泵膜

膜片彈簧

分電盤蓋
分火頭
彈簧夾片
電容器
凸輪
接線柱

分電盤軸

驅動齒輪

(d)傳統式分電盤一例

圖1-31　（續）

○故障特徵

分電盤碳精觸頭裝在分電盤蓋內，靠下螺旋彈簧的張力將其壓靠在
分火頭銅片上，分火頭隨斷電器凸輪軸同步旋轉，把高壓電分配給各個
邊電極。如果頂壓碳精觸頭的彈簧張力不足、碳精觸頭過度磨損或分電
盤蓋內外有裂痕等，均會導致高壓電無法順利傳導(圖1-32)。

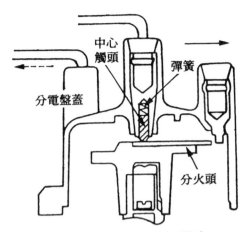

中心觸頭

彈簧

分電盤蓋

分火頭

說明：高壓電由點火線圈傳來
　　　高壓電傳向某缸火星塞

圖1-32　高壓電的傳導形式

○故障快速排除

⑴　扳開分電盤蓋固定夾，卸下分電盤蓋。目視蓋和分火頭有無灰塵、
　　積碳和破裂。測量分電盤中央電極與邊電極之間的絕緣電阻(圖
　　1-33)。

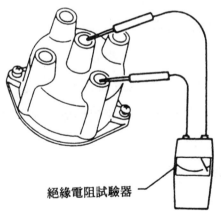

絕緣電阻試驗器

圖1-33　測量絕緣電阻值

絕緣電阻值：大於50MΩ或小於規定值……更換。

⑵ 將分電盤蓋翻過來，用螺絲起子等工具的硬尖剔除黏附在邊電極上的電化腐蝕物。但不得用砂紙等打磨，以免引起分火頭和邊電極之間的接觸不良。

⑶ 輕輕地按一按中心碳精觸頭，檢視其能否上下起落約4～5mm。

　　　高壓電是經碳精觸頭傳導到分火頭金屬銅片上的，所以，當碳精觸頭突出太少或彈簧彈力不足，則高壓電不能順利導通。

⑷ 若碳精觸頭突出太少，彈簧力不足，可輕輕地拔出觸頭，再用細鐵絲這一類的東西向外鉤拉彈簧，使其恢復彈簧力，然後裝回碳精觸頭，重復⑶的檢查，如果中心觸頭上下起落達到4～5mm，即為合格。

⑸ 搖動一下插進分電盤蓋內的高壓線，檢視兩者是否嵌合牢靠。發現插入端鬆動，並在導線頂端的保護罩周圍附著有電化學腐蝕物時，應將高壓線輕輕拔出，用螺絲起子尖或砂紙把嵌在裡面的髒物清除乾淨，而後將修整好的導線正確地插進分電盤高壓中心孔。

⑹ 進一步檢視分電盤蓋外側與內側有無裂痕。分電盤蓋本身是負責絕緣作用的一個零件，若開裂或髒污會導致漏電，引起引擎點火不良，因此，分電盤蓋有明顯裂紋或砂眼，應更換新件。各插線孔內太髒，可用砂布打磨乾淨。

　　　檢查分電盤蓋內容：

① 油污和塵土的覆蓋層。

② 裂縫或嚴重燒損的電極。

③ 定位凸緣的破損。

④　膠結或損壞的碳精觸頭。

⑤　腐蝕的火星塞導線插座。

⑥　堵塞的氣孔。

　　　檢查分火頭內容：

①　腐蝕。

②　定位凸緣裂縫和破損。

③　觸頭燒損或凹陷。

④　觸頭彈簧破損或彎曲。

⑺　高壓線和分電盤蓋的安裝順序，應與拆下時的作業順序相反進行。分電盤蓋和斷電器部分對好部位嵌合固定。

所有缸的火星塞缺火

○故障特徵

當個別缸或幾個缸的火星塞缺火時，引擎的徵狀表現為運轉極不穩定、發抖、排汽管冒黑煙或放炮、化油器回火等，而徵狀的反應也較為明顯。現在是所有缸火星塞缺火，引擎根本不轉動。

○故障原因

故障很可能是因分電盤蓋不良、高壓線不良，點火線圈不良和分電盤碳精觸頭過度磨損等所致。

○故障快速排除

⑴　檢查分電盤蓋上連接點火線圈的中心高壓線是否牢固地插在中央電極的位置，如果發現高壓線的端頭或分電盤蓋潮濕，就用清潔的乾

布擦乾,然後牢固地裝到原來的位置上。下雨天容易發生此類故障。

(2) 檢查(1)的結果:否,可將中心高壓線拔下靠近無易燃物的機體約5 mm,起動馬達進行試火(圖1-34)。

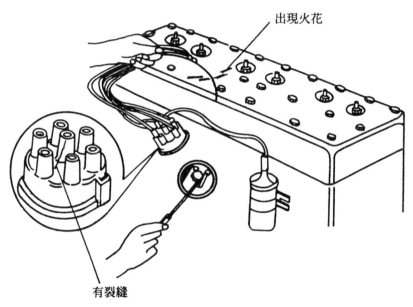

圖1-34 檢查高壓線與機體間有無出現火花

(3) 此時,若高壓線和機體間有"啪、啪"的青白色火花,說明從點火線圈到中心高壓線的高壓電能夠正常導通。因此,下一步要檢查將高壓電分配給各邊電極的分電盤蓋和分火頭有無故障。

(4) 按照前述分電盤蓋故障的診斷內容與方法對其進行檢查和修整。

(5) 檢查裝在分電盤中的分火頭。分火頭應能保證絕緣,若有裂痕和髒污,會造成漏電。查過分電盤蓋後就取下分火頭,檢視有無凹陷、燒損和開裂。它不像白金接點或電容器那樣易壞,但終究有可能壞。至少每年應換一次。

(6)　一般來說，點火線圈高壓線對機體跳火正常，而插入分電盤蓋後，分缸高壓線不跳火，說明分火頭可能有故障。

檢查時，先拆去分電盤蓋，取出分火頭，將其翻面放在汽缸上，金屬片接地，然後置高壓線距分火頭中心約7～8mm，用螺絲起子撥動分電盤白金接點，若分火頭有高壓火花跳過，表明分火頭已被擊穿竄電。

白金接點的故障

點火線圈產生的高壓電，與白金接點有密切關係。點火線圈產生高壓電的原理是切斷一次線圈中的電流，由互感作用在二次線圈中感應出高壓電動勢，而切斷此電流的作用，正是靠分電盤的白金接點開閉來控制的。

具體點說，當點火線圈產生的高壓電擊穿火星塞間隙形成電火花放電(即跳火)時，就在白金接點張開的一瞬間，這一時刻稱為點火正時。

○故障特徵

白金接點張不開，一次電流便不能被切斷，則二次電路不會產生高壓，結果引擎不能起動。

白金接點表面接觸不良，一次電流則過弱，二次線圈中不能產生足夠的電壓，造成引擎運轉不穩定。

○故障原因

白金接點不停地張開、閉合。當白金接點表面因跳火而被燒蝕，或呈現三角狀凸起物，致使白金間隙過小，或因兩接點表面接觸不良時，將造成斷電器凸輪的凸稜，頂不起活動白金臂上的頂塊，致使白金接點無法張開。

○故障快速排除

白金接點良否，可按照下述方法進行診斷。

(1) 扳開分電盤固定夾，摘下分電盤蓋(圖1-35)。

(2) 用雙手左右來回轉動向上拔出分火頭(圖1-36)。

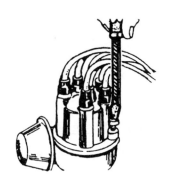

說明：有的分電盤用鋼絲夾代替
　　　螺釘，只要把夾子扳向一
　　　旁即可
圖1-35 旋下分電盤蓋的緊固螺釘

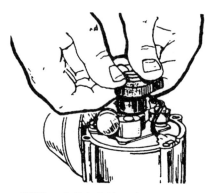

說明：垂直向上拉，取下分火頭
　　　，檢查是否燒損、凹陷或
　　　開裂
圖1-36 檢查分火頭狀況

(3) 接通點火開關(不起動引擎)，用螺絲起子的金屬端撥動白金臂，使接點不斷地開閉(參見圖1-37)。

(4) 檢視此時白金接點間是否"叭、叭"發出電火花，如果接點間無電火花跳過，拔出與點火線圈負極端連接的分電盤中心高壓線，輕輕地使線端與無易燃物的機體接地試火。在接觸部位若發出電火花，則表明低壓電路有電流通過，因此若接點間無火花的原因，可能是白金間隙過小而造成接點開閉不良，或接點接觸不良(圖1-38)。

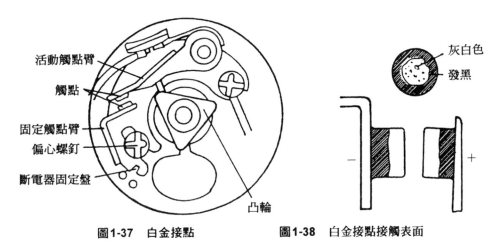

活動觸點臂

觸點

固定觸點臂

偏心螺釘

斷電器固定盤

凸輪

灰白色

發黑

　　圖1-37　白金接點　　　　　圖1-38　白金接點接觸表面

(5)　白金間隙一般爲0.35～0.55mm(因車而異)。如果壓在凸輪上的白金
　　臂頂塊過度磨損或與接點並聯的電容器容量不足時，以及接點表面
　　出現極稀少的突起物致使白金間隙變小時，可用專用銼刀或細砂紙
　　等進行修整或更換白金接點組。

(6)　應經常檢查白金接點接觸面的偏位情況。

　　　　如圖1-39所示，所謂偏位，是指兩觸點的錯位，即接點中心軸
　　線歪斜或偏移。嚴格地要求，兩接點接觸平面應當平行，且中心軸
　　線重合。對於兩接點平面的平行度修整比較簡單，通常可用細砂紙
　　或砂條打磨即可。但是，如果中心軸線歪斜，除更換新件外，無法
　　修理。

(7)　在(4)的檢查中，若拔出與點火線圈負極端連接的分電盤中心高壓
　　線，經接地試火，若無電火花時，使點火線圈"＋"接線接地試驗。
　　此時若有火，可以斷定是點火線圈不良。反之，若無火，則表明故
　　障出在點火線圈以前的部分，即點火線圈"開關"接線柱至點火線圈
　　"＋"接柱之間的連線不良。

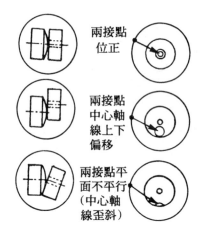

兩接點
位正

兩接點
中心軸
線上下
偏移

兩接點平
面不平行
(中心軸
線歪斜)

圖1-39　觸點的定位

點火系統的維修保養週期

○點火系統基本故障排除總結

　　對點火系統定期保養維修,可以使引擎運轉平穩,節省油耗,避免昂貴的維修費用和損壞。

　　通常,裝有傳統白金接點點火系統的汽車,行駛一年(行駛里程約為1.6萬公里到2萬公里)就需要更換白金接點、電容器和火星塞。而電子點火系統則無須經常維修斷電器,因此不存在元件磨損問題。此外,因為電壓較高,火星塞使用壽命常為1.3萬公里到4萬公里。

點火系統基本故障快速檢修表

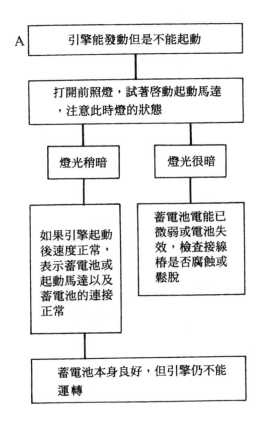

A　引擎能發動但是不能起動

打開前照燈，試著啓動起動馬達，注意此時燈的狀態

燈光稍暗

燈光很暗

如果引擎起動後速度正常，表示蓄電池或起動馬達以及蓄電池的連接正常

蓄電池電能已微弱或電池失效，檢查接線椿是否腐蝕或鬆脫

蓄電池本身良好，但引擎仍不能運轉

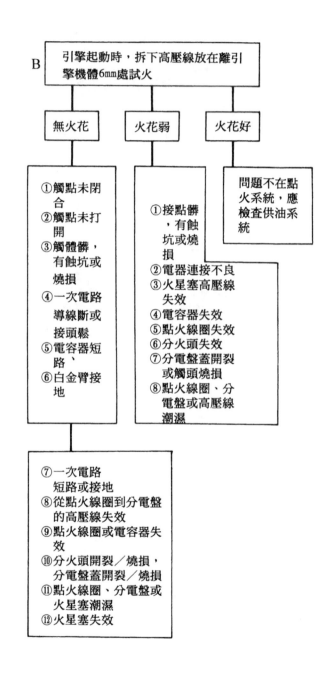

B 引擎起動時，拆下高壓線放在離引擎機體6mm處試火

無火花　　火花弱　　火花好

問題不在點火系統，應檢查供油系統

無火花：
①觸點未閉合
②觸點未打開
③觸體髒，有蝕坑或燒損
④一次電路導線斷或接頭鬆
⑤電容器短路、
⑥白金臂接地

火花弱：
①接點髒，有蝕坑或燒損
②電器連接不良
③火星塞高壓線失效
④電容器失效
⑤點火線圈失效
⑥分火頭失效
⑦分電盤蓋開裂或觸頭燒損
⑧點火線圈、分電盤或高壓線潮濕

⑦一次電路短路或接地
⑧從點火線圈到分電盤的高壓線失效
⑨點火線圈或電容器失效
⑩分火頭開裂／燒損，分電盤蓋開裂／燒損
⑪點火線圈、分電盤或火星塞潮濕
⑫火星塞失效

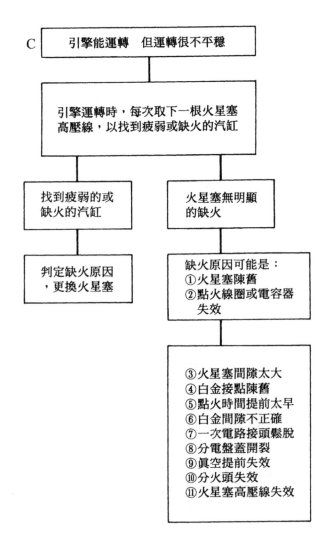

□電子點火方式的簡介

　　爲適應環保法規的要求，現代汽車上已廣爲裝用電子點火器。這種點火器相當於以前靠白金接點來接通與切斷點火線圈一次電流從而產生二次高電壓的機械點火裝置，電子點火方式是利用三級管的開關作用替代白金接點來切斷一次電流的(圖1-40、圖1-41)。

調整變磁阻轉子和定子之間的跳火間隙。旋鬆定子定位螺釘並用一個間隙規來測量(跳火間隙通常爲0.3～0.5mm)

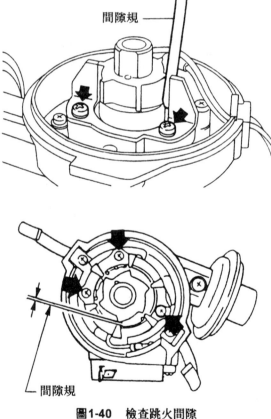

圖1-40　檢查跳火間隙

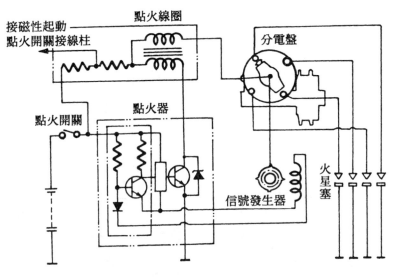

圖1-41 電子點火方式的點火系統電路示意圖

　　簡述一下電子點火系統的工作原理：接通點火開關，低壓電流流入一次線圈。引擎剛起動，點火信號發生器中的變磁阻轉子開始旋轉，此時，從磁體經發生器的變磁阻轉子凸起部，並穿過電磁傳感器耦合線圈的磁通量發生變化。由於磁通的變化，耦合線圈產生脈衝電壓信號，其電壓波形是當變磁阻轉子凸起部位處於耦合線圈中心位置時，脈衝信號波形急劇地由正向負變化(圖1-42)。

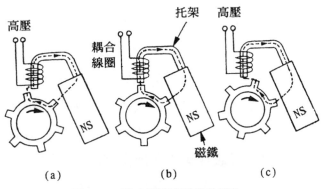

圖1-42 點火間隙和磁通的變化

　　繼續對應圖1-43中P點發生正向脈衝信號時，由於二極體P點的電壓不變，電晶體處於像開關那樣的接通狀態(ON)。

　　反之，當脈衝信號在負方向上發生時，通過二極體P點的電壓，此電晶體電壓低、形成關閉狀態(OFF)。因此流進點火線圈初級線圈的電流被截斷，而在二次線圈產生高壓。

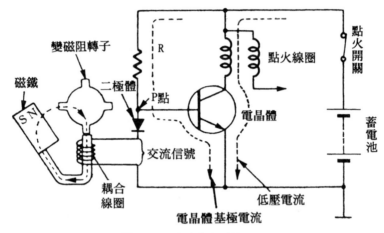

圖1-43　電子點火系統

　　這種開關作用，實際上是點火信號發生器的變磁阻轉子每轉一周(分電盤轉子軸轉一週)，電晶體導通(ON)→關閉(OFF)變換四次，引擎便持續地運轉。

　　但是，只是靠電晶體是不能實現以上作用的，因此，用具有電晶體放大電路(包括整形——註)的點火器進行放大，使點火線圈產生高壓。

　　電子點火裝置和以前的接點式點火裝置相比較，兩者故障檢查並無顯著差別。與其說電子式比接點式點火裝置因接點磨損所引起的引擎起動困難、工作不穩定等缺點少，倒不如說，電子點火裝置是一種從更換接點、間隙調整等麻煩維護作業中解放出來的新型點火裝置。

　　電子點火裝置是由裝在分電盤傳動軸上並具有與汽缸數相等齒數的

齒輪正時轉子(timing rotor)，和裝在斷電器底板上用磁鐵及線圈組成的信號發生器，共同構成電磁點火傳感分電機構(圖1-44)。

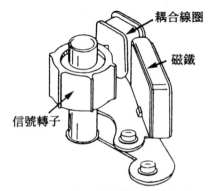

耦合線圈

磁鐵

信號轉子

圖1-44　點火信號發生器的組成

電子點火裝置的故障檢修

○故障快速排除

⑴　卸下分電盤蓋，拔下點火線圈中心高壓線。

⑵　用中心高壓線端靠近距無易燃物的機體約1cm處，接通點火開關。

⑶　進一步用螺絲起子頭使點火信號轉子凸起部與信號發生器之間短路，檢視中心高壓線端是否跳火。

⑷　若有火，表明點火線圈正常，產生一次電壓。若無火時，則除點火線圈外，尚應檢查分電盤蓋、點火信號轉子、高壓線和火星塞有無故障。這些組件的故障檢查方法，同前述接點式點火裝置故障檢查方法相同。

⑸　在⑶的檢查中，若無火時，則拔下連接信號發生器與點火器的導線，進行信號發生器導通測試。

(6) 使用萬用電錶進行導通測試，應參考以前的測試值，若阻值過高或過低，均屬於信號發生器的故障。

（二）引擎運轉不穩定故障快速排除

☐燃料系統與冷卻系統的故障

○故障特徵

一般的徵狀是，清晨初次發動時，起動馬達運轉有力，雖能帶動引擎短暫運轉，但不能連續運轉。

首先診斷故障出自油路還是電路。從上述徵象來看，引擎是能夠起動的，因此可以斷定點火系統是好的。此外，昨天還運轉正常的引擎，不可能過了一夜，汽缸的壓力就下降且點火提前角度變動，故懷疑燃料系統可能有故障。

然而，如果汽油錶指示油箱是滿的、化油器浮筒也能來油，則前面懷疑燃料系統有故障的想法就不對了。

真正的"罪魁禍首"，可能是來自冷卻系統或潤滑系統。而這些故障正是由於行駛環境和駕駛員對車輛保養不善等原因引起的。

引擎的日曬病———中暑

○故障特徵

這是汽車在烈日下長距離行駛後的一種過熱病症。引擎過熱是汽車常見故障之一，其症狀是：水溫錶指示100℃，散熱器加水口可見蒸汽及沸騰狀況，行駛中汽車引擎無力、加速時有金屬敲擊聲和引擎不易隨關閉點火開關而立即熄火或引擎工作粗暴等(參見圖1-45)。

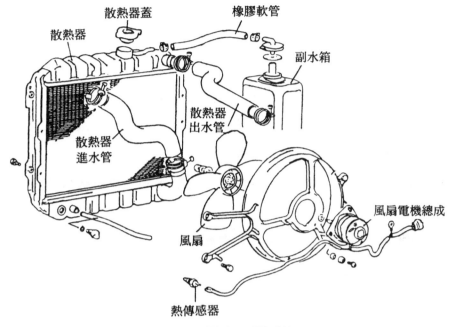

圖1-45　引擎冷卻系統零件

○故障原因

引擎過熱，主要是冷卻水不足、散熱器蓋和節溫器不良、風扇皮帶過鬆或斷裂、冷卻水路堵塞以及潤滑系統機油不足等原因所致。此外，點火過遲或過早、混合汽過濃、酒精系(SPT)防凍液的使用等也會引起引擎過熱。

僅因冷卻水不足而引起引擎過熱時，可以補充冷卻水使引擎很快冷卻。但是，每當行駛中引擎過熱的時候，就要懷疑引擎冷卻系統某部分出了毛病，此時應立即停車檢查。

○故障快速排除

冷卻水不足是引擎過熱的首要原因。但是關鍵是要弄清冷卻水爲什麼會不足。

　　冷卻水消耗過甚，大致有下面兩類原因：

(1)　冷卻水流出機外

　　①　散熱器、汽缸體水套、水管及接頭等處破損。

　　②　汽缸筒有裂紋、漬孔或缸墊損壞致使密封不良，冷卻水滲入汽缸筒並隨工作過程被排出機外。

　　③　高原行車、氣壓低、水沸點低，冷卻水過早沸騰變成水蒸汽逸入大氣。

　　④　水泵軸承、出水口、襯墊等處漏水。

(2)　冷卻水流入機內

　　濕式缸套下水封損壞或缸體有缺陷，冷卻水流入曲軸箱機油池。

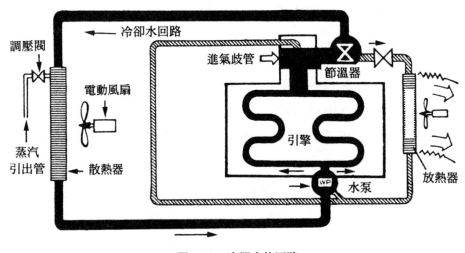

圖1-46　冷卻水的回路

　　冷卻水流入機內是引擎的嚴重病症，很容易使引擎徹底報廢。應特別注意以下幾種導致冷卻水內漏的情況，即汽缸墊密封不良或燒損造成冷卻水路與潤滑油路竄通或汽缸襯墊故障引起冷卻水套與汽缸間的密封不良。前者是冷卻水混入汽油之中，使潤滑油的性能惡化而燒壞引擎；後者是引擎在進氣過程中，冷卻水被吸進汽缸而導致引擎運轉不穩定。總而言之，以上所述都是不正常的情況。

冷卻系的冷卻水路參見圖1-46。

(1)　由於過量的冷卻水被儲存在散熱器近旁的副水箱中(參見圖1-45)，冷卻水量是否充足，應從副水箱的側面檢視水平面。檢查結果，若發現冷卻水不足時，將水添加到水準線FU LL標記(滿刻度標記)處。

(2)　冷卻水補充，通常每隔半年進行一次。但是，如果出現不到期而冷卻水急劇消耗時，須查明哪一部位有漏水現象。一般冷卻水以散熱器冷卻水管漏掉的情況較多(即通常所指的水箱漏水)，特殊情況下，連接引擎和散熱器進出水管、散熱器到暖氣設備水管的管接頭等部位也會漏水。因此，務必旋緊這些接頭部位的管夾箍，以防止冷卻水洩漏。此外，尚有一種不太多的情況，即進出水管破裂而引起漏水。檢查時，不妨用手捏一捏，如果確有很深裂紋，應立即更換。冷卻水量檢查參見圖1-47。

(3)　風扇皮帶緊張度檢查：裝在曲軸上的皮帶輪旋轉力，是通過三角皮帶傳給水泵和發電機的，因此，如果皮帶過鬆，則無法帶動水泵旋轉，會造成引擎過熱。此外，風扇和水泵一起由皮帶輪通過三角皮帶驅動，為了使皮帶傳動正常，風扇皮帶的張緊度檢查是一項重要的檢查內容。

(4)　風扇皮帶張緊度檢查方法如下：在風扇和發電機之間的三角皮帶上，用約98N(約10kgf)的力按下時，以能凹入8～12mm(參考)為宜(各種車型不一)。風扇皮帶過鬆打滑時，會引起引擎過熱、充電不足；過緊則會招致發電機、水泵軸承過早磨損。總之，風扇皮帶過鬆或過緊都是不正常的情況(圖1-48)。

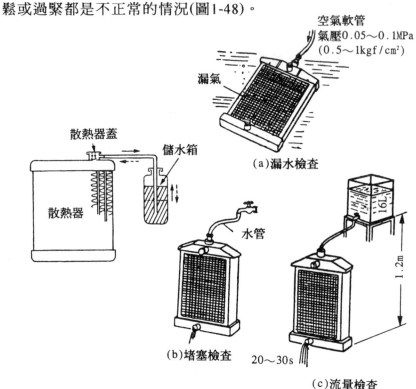

圖1-47　冷卻水情況檢查

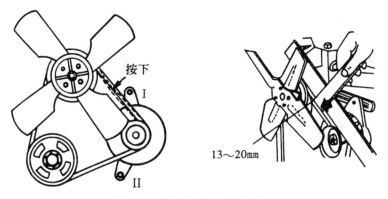

圖1-48　檢查風扇皮帶張緊度

(5)　風扇皮帶張緊度不符合規定時，可使雙頭梅花扳手鬆開固定發電機的螺栓螺母(參見圖1-48中之Ⅰ、Ⅱ)，而後用輪胎撬棒抵在引擎體和電機的緊固部，運用槓桿原理扳動發電機使之移動，以調整皮帶張緊度，調整後，再將鬆開的螺栓螺母重新緊固(圖1-49)。

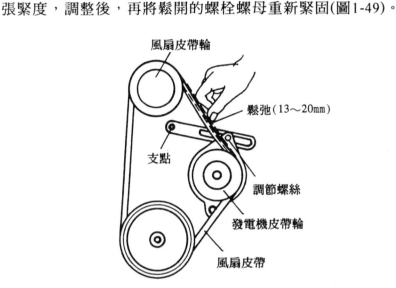

圖1-49　調整風扇皮帶張緊度

　　三角皮帶的使用壽命，通常約三萬公里行駛里程，到期應予以更換。從外觀來看，各種風扇皮帶好像一樣，其實，皮帶的尺寸、材料因車種和皮帶製造廠家而異，因此，應換用與原車同型號的風扇皮帶。風扇皮帶的安裝要領與前述皮帶張緊度調整要領基本相同。然而，由於新皮帶總是處於伸長狀態，故使用一段時間後，應重新調整。

(6)　檢視風扇皮帶有無裂痕和變形。特別是當皮帶有了裂痕，在汽車行駛過程中突然斷開，將會牽連發生意想不到的故障，所以一旦發現了皮帶裂痕時，最好及早換掉。另外，如果風扇皮帶過度磨損而造成與皮帶輪之間打滑時，皮帶已喪失其正常的傳動作用，這時當然也須更換。

(7)　檢查散熱器蓋。為了正確檢驗散熱器蓋調壓閥(或稱散熱器蓋空氣-蒸汽閥)，需要作一些實驗。車主可以按下述簡便易行的方法，對檢修後的壓力型散熱器蓋調壓閥進行檢驗：

①　卸下壓力型散熱器蓋，用手按下加壓閥(或稱正壓閥)時，閥門應能壓縮順利並富有彈性；

②　掀動減壓閥(即負壓閥)時，應輕微感覺到帶著一些阻力而又被順利掀動。

　　儲水罐中的冷卻水不返回散熱器的故障，就是因為這個壓力型散熱器蓋調壓閥不能順利開閉所致(圖1-50)。

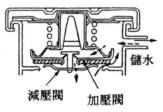

圖1-50　帶調壓閥的散熱器蓋

(8)　卸下散熱器蓋的同時，順便由加水口處檢視一下冷卻水有無髒污。儘管冷卻水量很充足，而水面上浮有機油斑時，則是一個危險信號，冷卻水中混入機油是因為汽缸墊密封不良或燒損所致，不僅如此，引擎機油中也會混入冷卻水，因此，發現這一症狀若不立即送修，引擎將會徹底報廢。

(9)　冷卻水中加入耐久防凍劑，一般不會引起什麼問題，而如果長期使用酒精類配製的防凍液(如工業乙二醇配製而成的半永久型防凍液），或以井水等硬水作冷卻水，應注意鹼性冷卻水對冷卻系統橡膠密封件有腐蝕作用，硬水易使水套內產生水垢；使汽缸體、汽缸傳熱效率(冷卻效果)降低致使引擎過熱。還有，酒精類配製的半永久型防凍液沸點較水為高(197.4℃)，使用中水易蒸發，防凍液比重會發生變化，因此須常加入新水，使用中冷卻水最好使用軟水，若只有硬水，則需經過軟化處理後，方可注入冷卻系統中。

　　硬水軟化的常用方法是：在1公升水中加入鈉(碳酸鈉Na_2CO_3)0.5～1.5g，或加入0.5～0.8g純鹼(氫氧化鈉NaOH)，或加以10％的紅礬(重鉻酸鈉)溶液30～50mL。

　　以工業乙二醇配製的防凍液為例，其配方如表1-5所示。

表1-5　乙二醇配製成防凍液之配方

冰　點	乙二醇(容積％)	水（容積％）	密　度
－ 10	26.4	73.6	1.0340
－ 20	36.4	63.8	1.0506
－ 30	45.6	54.4	1.0627
－ 40	52.6	47.4	1.0713
－ 50	58.0	42.0	1.0780
－ 60	63.1	36.9	10.833

⑽　冷卻水髒污時，卸下靠引擎側的放水塞，掀開散熱蓋，用一根軟管接上水源，插進散熱器加水口，邊起動引擎邊進行沖刷。

⑾　隨著引擎日益微型化，冷卻水用量較過去少，引擎機油也承擔了一部分冷卻作用，所以應注意機油不足的問題。

❏混合汽過濃引起的故障⑴

○故障特徵

接通點火開關和起動開關時，引擎雖能"噗隆、噗隆"地運轉一陣子，但馬上又會熄火。重復進行這一操作過程，引擎依然不能起動。

○故障原因

該病症是阻風門工作不良所致。隆冬時節，引擎在冷車狀態時，來自化油器的霧化汽油進入汽缸之前，不能揮發形成足夠的汽油蒸氣。因此在冷車起動時，即使化油器能供給適當濃度的可燃混合汽，但因冷凝的作用，進入汽缸的混合汽變稀，致使引擎不易發動，或許發動了，但用不了多長時間，引擎就會因運轉不穩而熄火。爲了防止混合汽變稀，起動時關閉阻風門(增減空氣吸入量的閥門)，於是在阻風門下側(即阻風門後面)產生很大的真空度，使得較多量的汽油被吸入，混合汽因此而變濃，點火極易。但是，混合汽濃度應當適度，如果起動後，混合汽過濃，也會適得其反而引起引擎運轉不良。爲使混合汽不致過濃，有的化油器在阻風門上裝有可微小開啓的裝置，該裝置通常稱之爲防濃裝置。

阻風門失靈造成混合汽過濃時，緊接著又加大油門，混合汽會越變越濃，致使引擎運轉不穩。

此外，在化油器中(圖1-51)，設置了關閉阻風門時節汽門能稍許開啓、保證引擎平穩工作的高怠速機構。而在冷車時，如果節汽門開度不足，引擎運轉極不穩定，甚至很容易熄火。

與阻風門關閉過度引起混合汽過濃的情況相反，化油器內油道和噴嘴因受堵而引起汽油稀薄，會造成引擎起動困難。

　　除上述一些原因外，汽缸墊燒損、活塞燒損、進排汽門損壞等引起汽缸壓縮壓力不足，以及來自進汽系統空氣吸入口故障，也是造成引擎起動困難的原因。

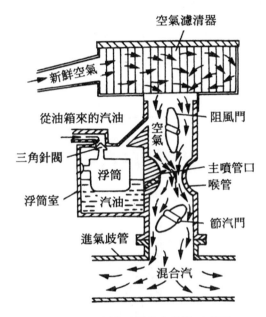

圖1-51　化油器的基本構造示意圖

□混合汽過濃引起的故障(2)

○故障特徵

　　這種故障在行駛過程中很少發生，通常因為等候交通號誌採取引擎制動後，車剛一停，引擎就熄火了。號誌轉綠時，因為車開不起來，尾隨在後面的車輛不停地鳴喇叭以示催促前車起步，而前車駕駛員越是性急，車越是發動不了。

○故障原因

　　採用引擎制動時，雖然化油器的節汽門(調節混合汽吸入量的閥門，該閥門通過踏板與連桿來控制)完全關閉，此時因引擎仍然處於高速運轉狀態，汽油泵的供油壓力很高。在這種情況下，化油器浮筒室三角針閥和閥座如果稍有密封不良，會造成浮筒室內油平面過高，過多尚未霧化的汽油流進汽缸，將火星塞電極濡濕(俗稱"淹死")，致使引擎無法起動(圖1-52)。

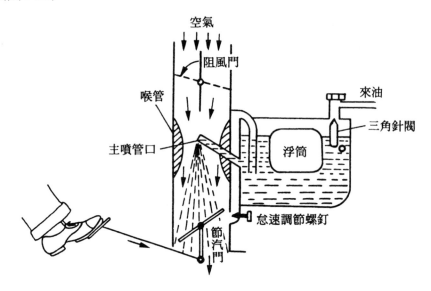

空氣

阻風門

喉管

來油

三角針閥

主噴管口

浮筒

怠速調節螺釘

節汽門

圖1-52　簡單化油器的工作

　　當出現上述未霧化汽油溢出情況時，簡單一點的解決辦法應是停止向汽缸裡送油，而只吸入空氣將混合氣沖淡。但是，在火星塞被汽油"淹"得潤濕時，這種解決方法的效果也很有限，此時，要嘛停機等一段時間，待火星塞自然乾燥，要嘛索性卸下火星塞人為地弄乾，除此之外，別無他法。診斷及應急處理辦法如下。

○故障快速排除

⑴　通過化油器浮筒室檢視窗上的油面高度標記，檢視浮筒室內油平面
　　高度是否符合要求。當油平面過高時，即可證明這是汽油溢出的原
　　因所在(圖1-53)。

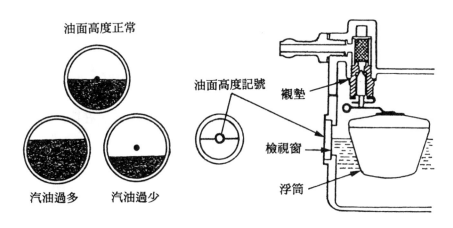

圖1-53　檢查化油器浮筒室油平面高度

⑵　從外部看不到浮筒室內油平面高度的化油器，欲查找火星塞電極"
　　潤濕"的原因，可拆下空氣濾清器蓋後觀察化油器內部。另外，從
　　化油器安裝部位有汽油滲出情況，也可判斷浮筒室內的汽油超過了
　　規定的油平面高度。

⑶　作為應急性處理有兩種方法，一種是卸下位於浮筒室下部的放油
　　塞，將積存化油器浮筒室內的汽油全部放盡；另一種方法是打開空
　　氣濾清器蓋子，取出濾芯，用手開啓阻風門(全開)。上述任何一種
　　處理方法，其目的是不再向汽缸內供油，而僅送入空氣，使可燃混
　　合汽變稀。方法簡便易行，效果一樣。

(4) 一腳踩下加速踏板，起動引擎運轉。最初能聽到引擎"噗隆、噗隆"的聲音時，腳不要離開踏板(穩住油門)。此時根據這一聲音，掌握住加速踏板適當給油，引擎便可正常運轉起來。

(5) 當火星塞被汽油濕濕嚴重時，除了卸下火星塞用乾布擦乾或自然乾燥外，沒有更容易的辦法了。

❏汽阻和熱溢

◯故障特徵

汽阻和熱溢(Percolation)(熱溢又稱汽油滲漏、滲流。在點火開關關閉後，汽油因受熱蒸發、膨脹，並從化油器高速噴嘴排出的過程稱之)均屬於酷暑天引擎的一種輕度日曬病。這種病的特徵是，引擎怠速變慢且伴有明顯的震動，有時甚至會"叭嗒"一聲熄火，欲再起動往往很困難。

◯故障原因

汽阻和熱溢兩者徵象非常相似。所謂汽阻，是指汽油供給系統或化油器中過快形成的汽油蒸汽嚴重阻塞汽油供給的故障。即汽油受熱形成汽油蒸氣，使得供油系統中的某一段油路堵塞，造成汽油量供給不足，以致引擎運轉失常。

汽油熱溢即汽油沸騰之意，它與汽阻發生的條件相同。熱天，當汽車在鬧市區緩緩行駛時，化油器浮筒室中的汽油受高溫作用而汽化(形成汽油蒸汽)，由噴嘴滲漏到化油器文氏管及進汽歧管內，致使引擎因混合汽過濃而運轉不正常和怠速不穩。

遇到以上情況時，處理方法很簡單，停車但不必急忙地停機，掀開引擎蓋，使引擎周圍稍微冷一冷，故障便能自動地排除。

❑化油器結冰引起引擎怠速不穩

○故障特徵

　　化油器的結冰，是發生在大氣溫度很低、空氣濕度高的冬天和早春時節的一種特異故障現象。其徵象表現爲汽車低速行駛和怠速時，引擎慢速運轉極度不穩以致熄火。即使能夠馬上再發動，仍維持不了很長的時間又會熄火。

○故障原因

　　由於化油器中汽油的汽化過程使得噴嘴下部的零件溫度下降，從而在一定的低溫高濕度大氣條件下，被吸入化油器文氏管的空氣裡的水蒸汽，遇冷會立即凝結成水滴附著在節汽門附近，水滴凍結成冰後，因使節汽門開閉不良而造成引擎慢速運行不正常(圖1-54)。

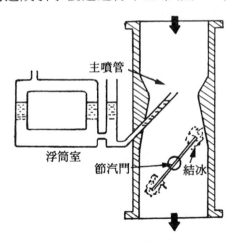

主噴管

浮筒室

節汽門　結冰

圖1-54　化油器節汽門附近的結冰

　　化油器結冰，不僅受大氣溫度影響，而且與空氣的濕度有關。通常，氣溫在10℃以下，濕度爲80％以上時，化油器很容易結冰。如前所述，汽油汽化時，因汽化吸熱作用，連引擎慢速運轉時節汽門上的熱量也被吸收一盡，甚至溫降到冰點以下，因此空氣中的水分遇冷凍結在節汽門周圍，從而阻礙了可燃混合汽的正常流動，造成混合汽供給不足，引擎當然就會熄火。

為防止在寒冷氣溫下，化油器結冰使引擎起動困難，可採取下述方法。

○故障快速排除

(1) 用熱毛巾捆在化油器和進汽歧管周圍，對化油器及其周圍組件進行預熱。這樣做不僅有助於汽油的汽化，而且還能達到化冰的效果。

(2) 以同樣的方法，也可對蓄電池和散熱器進行加溫。從而提高蓄電池的持久力，並使過冷的散熱器恢復正常工作。

(3) 而後，一腳踏下離合器踏板，接通點開關和起動馬達開關。在鬆開踏板的狀況下起動馬達轉動時，凝結的變速器油對起動馬達的轉動有阻礙作用，這樣會使蓄電池的電能很快耗盡。

(4) 不得胡亂地踩動節汽門踏板(即加速踏板或油門踏板)。如果屢踩節汽門踏板，過量的汽油將被強制泵出。因此，由於"過吸"造成火星塞嚴重受潮等故障。

(5) 雖然各型引擎多多少少有所差別，但是只要操作得當，容易起動的條件是一樣的，把油門踏板踩到總行程的1/4～1/2處不動、半開阻風門，踏下離合器踏板，啟動起動馬達，如果此時引擎開始運轉，那麼節氣門踏板依然保持在原來的位置上，引擎就能正常起動了。

(三)加速性能不良和油耗增大等故障快速排除

❑引擎故障引起的加速不良

○故障特徵(表1-6)

有人訴說:最近自己的汽車"跑"不起來,爬坡行駛時引擎"沒勁"、"發喘",內心焦燥不安,很有可能對安全行車有所影響。

但是仔細觀察上述症狀,即會發現,在行駛中即使排入檔位,踏下節汽門踏板,引擎轉速並不隨之提高,這與引擎高速運轉而車速提不高的症狀顯然有所不同。

特別是前一種情況,屬於車速不在2檔、3檔和最高檔的引擎轉速範圍內提高的故障。故障原因雖然很多,但至少從汽車能行駛這一點來看,點火系統方面不會有故障。一般說來,故障範圍縮小了。

○故障原因(表1-6)

無可置疑,症狀起因於引擎混合汽供給系統不良。在2檔、3檔和最高檔等各檔轉速範圍內及換檔過程中,引擎工作所需要的混合汽(汽油)量重覆增減,而這項工作則是靠化油器內的阻風門和節汽門的開閉來完成(圖1-55)。假如這些閥門一旦發生故障而造成各檔轉速範圍所需要的混合汽量不足的話,顯然這是引擎加速性能不良的根本原因。

表1-6 引擎故障早期發現表(引擎運轉不正常)

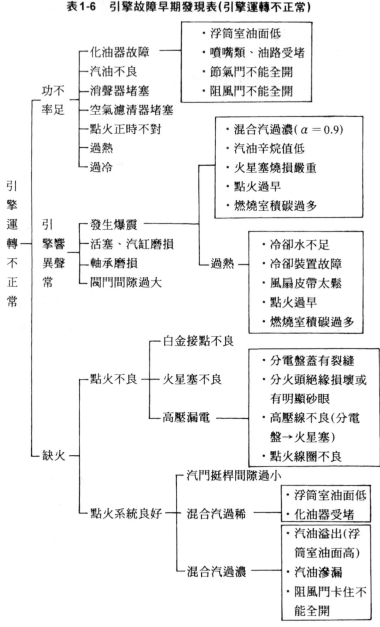

引擎運轉不正常

功率不足
- 化油器故障
  - ・浮筒室油面低
  - ・噴嘴類、油路受堵
  - ・節氣門不能全開
  - ・阻風門不能全開
- 汽油不良
- 消聲器堵塞
- 空氣濾清器堵塞
- 點火正時不對
- 過熱
- 過冷

引擎響異常
- 發生爆震
  - ・混合汽過濃($\alpha = 0.9$)
  - ・汽油辛烷值低
  - ・火星塞燒損嚴重
  - ・點火過早
  - ・燃燒室積碳過多
- 活塞、汽缸磨損
- 軸承磨損
- 閥門間隙過大
- 過熱
  - ・冷卻水不足
  - ・冷卻裝置故障
  - ・風扇皮帶太鬆
  - ・點火過早
  - ・燃燒室積碳過多

缺火
- 點火不良
  - 白金接點不良
  - 火星塞不良
  - 高壓漏電
    - ・分電盤蓋有裂縫
    - ・分火頭絕緣損壞或有明顯砂眼
    - ・高壓線不良(分電盤→火星塞)
    - ・點火線圈不良
- 點火系統良好
  - 汽門挺桿間隙過小
  - 混合汽過稀
    - ・浮筒室油面低
    - ・化油器受堵
  - 混合汽過濃
    - ・汽油溢出(浮筒室油面高)
    - ・汽油滲漏
    - ・阻風門卡住不能全開

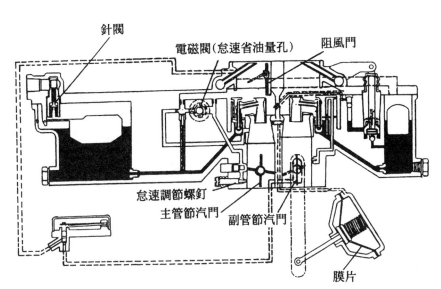

針閥

電磁閥(怠速省油量孔) 阻風門

怠速調節螺釘
主管節汽門 副管節汽門

膜片

圖1-55 化油器整體圖一例

再說後面一種情況,即引擎雖能順利運轉,但車速卻提不高(預想的速度)的原因,有可能是驅動輪與引擎之間某處有傳動損失,結果造成車輪轉速不相匹配。

在傳遞引擎輸出扭矩的過程中,如果離合器打滑,就會出現傳動效率降低,以致引擎動力無法傳到傳動系統有關部分。因此,汽車行駛中,加速困難,車速不能隨引擎轉速上昇而迅速提高。

有關離合器打滑的問題待後文敘述。現就汽油供給系統不正常的原因,歸納為以下幾點:空氣濾清器堵塞、阻風門和節汽門開閉不良、化油器不良、消聲器堵塞和點火不正時。

表1-7　引擎故障早期發現表(加速性能不良、油耗增大)

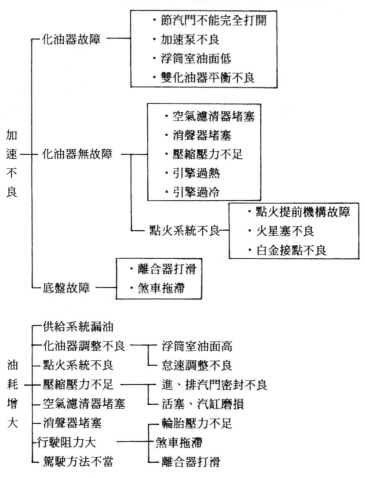

空氣濾清器堵塞

○故障原因

　　像戴著口罩跑步會感覺呼吸極度困難一樣，若空氣濾清器堵塞時，會引起混合汽中必要的空氣量供給不足，從而招致汽車高速時或加速時功率不足。

○故障特徵

　　雖然引擎在怠速或低速行駛中，尚未發現什麼病情，但當節汽門踏板踩到一定位置時，引擎即刻顯出"氣喘吁吁"的病態。

　　這種病態就是因為空氣濾清器被異物堵塞或濾芯過髒，引起空氣量供給不足所造成的。如果汽車依然在此狀態行駛，結果油"喝"了不少，車速仍然上不來，甚至造成耗油過量、排汽管冒黑煙。

空氣濾清器的檢查要領

○故障快速排除

(1)　打開空氣濾清器蓋子，取出濾芯。此時務請注意切勿將異物掉進化油器內(圖1-56、圖1-57)。

圖1-56　打開濾清器蓋子　　　　　　圖1-57　取出濾芯清洗

(2)　將濾芯放置在平台上，輕輕敲打出吸附在濾芯上面的髒污。可借助於壓縮空氣噴槍吹噴濾芯，這樣連細小的塵埃也可清出。然後再用乾淨布順便擦拭一下化油器內部，裝回濾芯，蓋上空氣濾清器蓋子。以上作業是十分必要的。

阻風門故障

○故障原因

阻風門是增減空氣量並用以調節可燃混合汽濃度的閥門。如果阻風門工作不良，引擎工況將會遭受與空氣濾清器堵塞時一樣的影響。

○故障快速排除

(1) 起動引擎，並暖機運轉(怠速時)片刻。

(2) 打開空氣濾清器蓋子，取出濾芯，用手撥動阻風門，檢視阻風門能否完全打開(直立)。如果阻風門活動自如能夠全開，說明阻風門工作正常；如果阻風門不能完全開啟時，通常會造成汽車行駛時，因空氣吸入量不足，致使混合汽變濃，引擎功率下降和油耗增大(圖1-58)。

圖1-58 檢查阻風門開啟是否靈活

油門踏板鋼絲繩故障

○故障原因

　　節汽門是控制可燃混合汽吸入量的閥門，該閥門通過一套連桿機構與駕駛室內油門踏板相連接，共同負責調整引擎轉速的作用。如果節汽門開閉很不靈活，則無法保證向引擎提供實際運轉時所需要的定量混合汽，其結果是可想而知的。

　　踏板連動機構鬆動，是節汽門開啓不良、關閉不緊的根本原因所在。然而，油門踏板(加速踏板)連動機構鬆動的"罪魁禍首"是牽動節汽門開閉的那根軟軸鋼絲繩長度調整不當(參見圖1-59)。

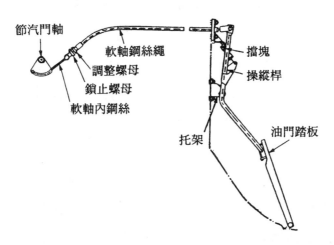

圖1-59　從油門踏板到化油器的鋼絲繩連動機構

　　踩下油門踏板，引擎轉速上不來，或不用力踩油門踏板，引擎則不能發出足夠功率等症狀，大多是因爲鋼絲繩拉力不足引起的。

○故障快速排除

(1)　旋下空氣濾清器固定螺栓螺母；打開濾清器蓋取出濾芯。這樣便可清楚看見鋼絲繩牽動節汽門開閉的情況。

(2)　完全鬆開油門踏板(此時節汽門關閉)，用拇指和食指捏住軟軸內鋼絲(參見圖1-59)，上下輕輕地撼動一下，目的是檢查鋼絲繩能否有4～10mm左右的彎曲撓量。

　　　　如果鋼絲繩彎曲撓量極小的話，說明鋼絲繩很緊，即使駕駛員鬆開了油門踏板，節汽門卻不能完全關閉，因此導致供油不止和怠速很高。反之，如果鋼絲繩彎曲撓量很大(即過鬆──註)，儘管油門踏板踩到底，節汽門卻不能完全打開，因而招致引擎功率不足。

(3)　另外有一種檢查方法是，一腳踩下油門踏板，然後看節汽門是否能夠處於直立，即全開狀態。經驗豐富的駕駛員知道一腳踩下油門踏板而節汽門不能全開多數原因是牽動節汽門的軟軸鋼絲繩過鬆之故。

(4)　車型不同，各種車的節汽門軟軸鋼絲繩的長短調整方法也有所不同。一種辦法是，在助手踩下油門踏板的同時，檢視裝在化油器下部的節汽門軟軸鋼絲繩是否與踏板的踩下相隨動。如果發現鋼絲繩動作與踏板的動作不相協調，即可斷定連接部鬆脫。此時，用螺絲刀旋開固定鋼絲繩的螺釘，重新調整鋼絲繩的固定位置。

(5)　另一種節汽門軟軸鋼絲繩的調整方法：扳手鬆開鋼絲繩固定螺母，然後旋轉另一個鋼絲繩長度調整螺母以改變其固定位置(如果順著拔出鋼絲繩的方向旋轉調整，則連動機構的彎曲撓量稍微改變一些，即可提高引擎轉速)。

化油器故障

○故障原因

眾所周知，化油器是霧化汽油並能精確控制出油量和滿足汽車引擎各種情況對可燃混合汽濃度要求的裝置。近來，故障的種類很多，名稱雖不盡一樣，但是基本原理幾乎相同。以風行全球的日本豐田(TOYOTA)汽車上所使用的雙筒分動化油器為例，該機構有主筒高速系統兩個主要組成部分。當汽車起動或中小負荷行駛時，由主筒系統單獨工作，當高速行駛或爬坡行駛(高負荷)時，副筒系統進入工作。主副筒的節汽門是用連桿相連接的。

扼要介紹一下化油器工作原理：踩下油門踏板，主筒節汽門首先打開進入工作，當主筒節汽門的開度在一定角度時(即進一步踏下油門踏板)，在連接機構和真空度的作用下，副筒節汽門打開，副筒高速系統開始與主筒高速系統共同工作，以供給引擎充分的混合汽。

另一方面，由汽油泵從油箱中吸出汽油送往化油器，化油器浮筒室內的汽油達到規定量(一定的油面高度)時，隨著主副兩筒節汽門開度，汽油經怠速噴口、主量孔噴出(圖1-60)。

假如化油器的噴嘴類被灰塵等髒物阻塞而致使油路受阻時，由於引擎實際運轉所需要的汽油量供不應求，造成混合汽變稀、引擎功率不足。

化油器浮筒室油面高度調整不良，也是化油器故障的原因。浮筒室是臨時存放汽油泵送來的汽油油室，並保持一定的油面高度。浮筒室內是否任何時候都能保持一定的油面高度，對引擎工作狀況有很大的影響。

化油器浮筒室油面高度的昇降原理：當浮筒室汽油消耗時，室內浮筒室下降，和浮筒相連的三角針閥隨之而下降(開啟)，汽油便流入浮筒室。當浮筒室內油面達到規定值時，針閥便關閉了汽油入口，汽油停止流入。由於浮筒這樣反復地上下運動，浮筒室內經常保持著一定的油面高度。

然而，主副筒的主噴嘴與浮筒室的油面高度之間存在一定的距離，此距離很大時(即浮筒室內油面低時)，由於供油不足，混合汽因此變稀，會引起汽車行駛中化油器回火，或引擎功率不足。反之，如果浮筒室內油面過高，因汽油供給過量，混合汽變濃，致使燃油耗增大，排氣消音器口冒出黑煙，恰似空氣濾清器堵塞時的狀況。

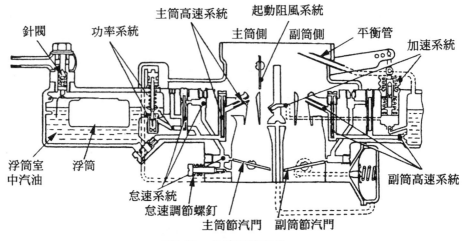

圖1-60　化油器整體圖

消聲器堵塞

○故障原因

消聲器(又稱消音器)主要作用是將引擎運轉時排出的高壓高溫廢氣安靜地排放到大氣中。如果消聲器一旦因為某種原因堵塞會招致引擎功率不足或排汽管發紅。消聲器裝置參見圖1-61。

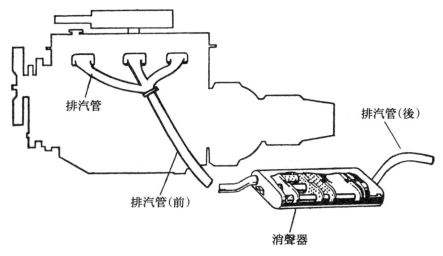

排汽管

排汽管(後)

排汽管(前)

消聲器

圖1-61　消聲器裝置示意

消聲器有了故障，引擎中排放廢氣時會發生刺耳的噪聲。出現這種情況，引擎機油消耗猛增、廢氣髒污嚴重。此時如果發現在消聲器尾端附著許多米粒大小黑炭，即可判明這是混合汽未完全燃燒引起的。

節溫器故障

○故障原因

節溫器損壞，引擎冷卻系統的冷卻強度就失去了調節，引擎溫度就有過低的可能。特別是嚴寒季節，會同時出現引擎開始起動困難、轉速提不高和暖氣失效等合併現象。

引擎最有利的工作溫度是在80～90℃範圍內，保證引擎經常在此溫度下工作，就是靠節溫器自動開關的活門變更冷卻水循環路線來調節冷卻強度的。若冷卻過度，不僅引擎動力性能降低，燃料消耗增大，而且還會加速冷缸磨損，縮短引擎的使用壽命。

節溫器故障原因多半是自動活門開閉不良(圖1-62)。故障檢查要領如下。

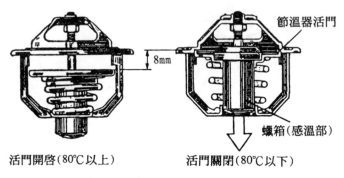

活門開啓(80℃以上)　　活門關閉(80℃以下)

節溫器活門

蠟箱(感溫部)

8mm

圖1-62　節溫器工作圖例

○故障快速排除

(1)　啓動引擎,趁冷卻水尚未熱起時,卸下散熱器蓋看裡面的冷卻水情況,如果冷卻水流經散熱器,則可判斷是節溫器故障。當引擎發動後,冷卻水溫還沒達到一定開閥溫度(低於70℃)時,節溫器主活門是完全關閉的,冷卻水並不流經散熱器,只是在水泵與汽缸水套間進行小循環,若水溫超過80℃時,節溫器主活門全開,而副活門此時完全關閉,水套內的熱水便從節溫器主活門流出,經散熱器進水管到散熱器內,再從散熱器出水管經水泵壓回水套,進行大循環。所以,在引擎尚未熱起,冷卻水便開始了大循環,則意味節溫器不到活門開啓溫度就開啓了,顯然這是節溫器出了故障。

(2)　節溫器損壞後必須及早更換。檢查節溫器如屬正常,而冷卻水過低,可將百葉窗部分地或完全地關閉,以減少吹過散熱器的空氣流量,使冷卻水溫回昇。

點火正時失準

顧名思義，點火時刻即是被壓縮的可燃混合汽被點燃的時刻。點火過遲，即活塞過了上死點後點火，由於活塞下移，被點燃的混合汽就將在逐漸增大的汽缸容積內進行燃燒，因此燃燒最高壓力降低，熱損失增大，於是引擎功率下降、油耗增加並導致引擎過熱。

點火應當提前，但若提前過多，則活塞還在上行，氣體壓力已達到很大數值，活塞受到迎面而來的反向壓力作用，壓縮行程的負功增加，也使引擎功率下降。由此可見點火過早也易於發生不正常燃燒。

雖說點火時刻不容易失準，而且點火正時的調整也是專業修理人員的事，然而接點式分電盤的點火正時與白金間隙有關；電子點火器的點火正時與氣隙有關。譬如，接點式點火器的白金間隙超過規定值，則會造成點火過早；而小於規定值，則會造成點火延遲。所以說，調整點火時刻的同時，必須對白金間隙進行檢查。

調整點火時刻時，需要使用正時燈，但是車主通常是沒有的，因此可直接按照下述方法進行點火正時調整。

○故障快速排除

(1)　踩下油門踏板急加速時，檢查引擎轉速變化情況。

(2)　用螺絲起子旋鬆固定分電盤的螺釘。

(3)　真空式點火提前調節裝置：拔下分電盤的真空連接管，並將靠分電盤側的管端頭蓋塞堵死(圖1-63)。

(4)　一邊注意引擎怠速運轉情況，一邊輕輕地右旋分電盤外殼，此時引擎轉速有所上昇，不一會兒引擎會發出異響，因此，要調出最佳點火正時提前角度，應在異響發出之前停止旋轉分電盤外殼，並旋緊螺釘(圖1-64)。

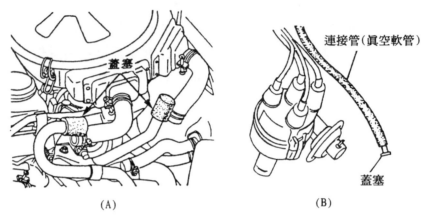

(A)   (B)

圖1-63 卸下分電盤的真空式調節器連接管

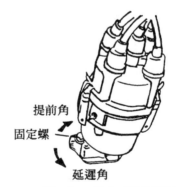

圖1-64 點火正時的調整

(5) 用正時燈校準點火正時固然不錯，但對於車主來說卻很不便利。所以通常採用的校準點火正時的辦法是，將變速桿排入高速檔位，以30km/h的車速在平坦道路上行駛，而後猛地踩下油門加速時如能聽到有爆震聲即刻又消失的程度，說明引擎點火正時適當。

如果鬆開油門踏板，引擎熄火或發生"噗嚕、噗嚕"異響和車身抖動。或者不踩油門踏板引擎轉速反而很高，這種情況不是油門踏板連動機構有故障，即是怠速調整不良。

引擎怠速運轉不良

　　汽油引擎怠速運轉不良，不僅會提高排汽中CO濃度和增加油耗，而且嚴重損壞引擎的工作性能。所以，應注意引擎怠速運轉情況及怠速的調整(參見圖1-65)。

節汽門開度
調整螺釘

怠速調整螺釘

圖1-65　引擎怠速調整

○故障快速排除

(1)　發動引擎並使之充分暖車，駕駛員將腳從油門踏板上迅速抬起，此時節汽門操縱機構穩定在一固定位置。

(2)　如果使用車有空調裝置，須關閉空調開關。

(3)　一般化油器的怠速調整，可用螺絲起子通過節汽門開度調整螺絲和怠速調整螺絲相互配合進行。具體操作法如下：

　　　旋出節汽門開度調整螺絲(節汽門開度變小)，使引擎達到最低而穩定的轉速；而後旋進或旋出怠速調節螺絲以改變混合汽濃度，找到在已調好的節汽門開度下引擎的最高轉速(此時混合汽比例最佳)；再旋出節汽門開度調整螺絲，使引擎轉速盡可能地降低，然後再旋動怠速調節螺絲，使引擎轉速再提高。如此反復進行，即可將節汽門開度調得最小，混合汽比例最適宜，使引擎在最低而穩定的轉速和最經濟的情況下運轉。

引擎怠速運轉不穩，不僅與化油器空氣量孔(怠速量孔)、怠速油道是否暢通、怠速系統本身的技術狀況有關，而且受引擎工作溫度是否正常，汽門間隙是否合適，點火系統有無故障，各個管路是否密封良好等許多因素影響。因此，只有在上述諸因素符合技術要求時，才能保證引擎怠速狀況正常和調整好穩定的怠速。

引擎怠速不穩及熄火故障診斷程序，請參見表1-8所示。

表1-8 引擎怠速不穩及熄火故障診斷框圖表

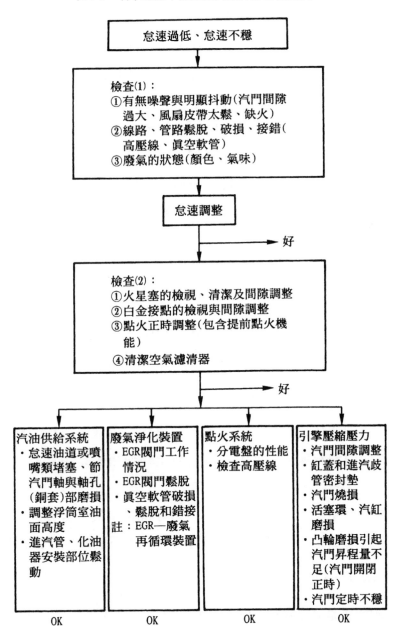

❑底盤故障引起的加速性能不良

　　單說汽車加速性能不良，有各種各樣的症狀表現。譬如，起步加速時化油器回火(blow back)、發生像突然煞車時那樣的爆震、引擎抖動等等。無怪乎在行駛途中引起的故障是千差萬別的。

　　在(二)引擎運轉不穩定故障快速排除的有關章節中，已經述及進排汽門開啓重疊是以上故障的主要原因，現在著重談一談有關底盤故障引起加速性能不良的診斷及快速排故方法，特別是對由煞車、離合器故障而引起的引擎加速性能不良之診斷及排除方法。

離合器故障引起的加速性能不良

○故障特徵

　　引擎雖轟鳴著高速運轉，但是在爬坡時，汽車顯得沒勁；在追逐其他車輛時，即使兩車已並駕齊驅，還是超越不過去。

○故障原因

　　引擎雖則運轉正常，但汽車達不到預想的車速，這種情況是因為驅動輪轉數與引擎轉速不能匹配，可以斷定轉速損失是由底盤某處的故障所致。

　　在傳遞引擎發出的轉矩過程中，如有轉速損失，首先應想到有可能是離合器打滑引起的。離合器是否打滑，可用下面的方法進行檢驗。

○故障快速排除

(1)　拉緊駐車煞車(俗稱"手煞車")，將變速器換入低速檔或2檔後，稍轟一下油門，而後再緩緩地放鬆離合器踏板。在離合器接合過程中，如果引擎熄火，則說明離合器作用狀況正常。反之，若引擎繼續運轉，證明離合器打滑。

(2) 用手輕輕按下離合器踏板，檢查離合器踏板自由行程是否符合製造廠家的規定值。實際上，當輕輕按下離合器踏板時，反映離合器踏板自由行程的釋放軸承與調節螺絲間隙在3～6mm為宜。檢查離合器踏板自由行程，是十分重要的一項作業。如果釋放軸承與調節螺絲間隙為零時，鬆開離合器踏板，由於機構上的牽制，從動盤與主動盤不能可靠地接合，離合器在此種狀態下出現打滑。反之，離合器踏板自由行程過大，必使工作行程偏小，這就會引起另一個傾向，即造成離合器分離不徹底，甚至不能分離、變速器不容易換上檔或有齒輪囓合響聲等症狀，這些都可憑感覺來判斷。

(3) 離合器踏板無自由行程時，應進行調整。液壓操縱式離合器與機械操縱式離合器踏板自由行程各有不同的調整方法。

液壓操縱式離合器系統和機械操縱式離合器的調整分別參見圖1-66、圖1-67。

液壓操縱式離合器自由行程的調整：將液壓工作缸推桿處的鎖緊螺母(圖1-66中鎖止螺帽)旋鬆，使調整螺絲旋轉E型卡環(圖1-67)三轉可縮短推桿長度。

對於機械操縱式離合器的調整方法是，把離合器軟軸鋼絲纜繩往外拉，使軟軸鋼絲支承凸緣與E型內齒墊圈(E型卡環的別稱——註)之間扣數調整成約5扣(即5個齒)為宜(根據車型略有差別)。這一間隔是E型卡環與墊圈之間的尺寸，所以從E型卡環到墊圈之間的齒頂和齒底合計的數相同。當離合器踏板沒有自由行程時，該間隔也不會有。

　　離合器踏板無自由行程時，把軟軸鋼絲繩往外拉，使用尖嘴鉗等更換E型卡環即可。

　　調整後，使引擎怠速運轉，檢查離合器分離是否徹底，有無異響以及變速器的換檔情況。

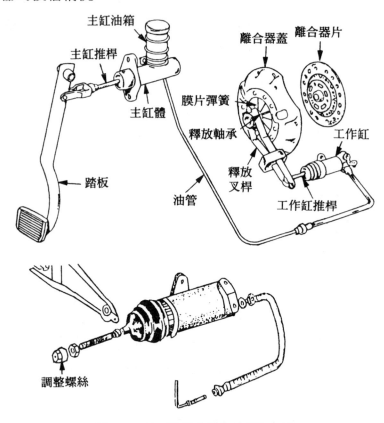

圖1-66　液壓操縱式離合器系統示意圖

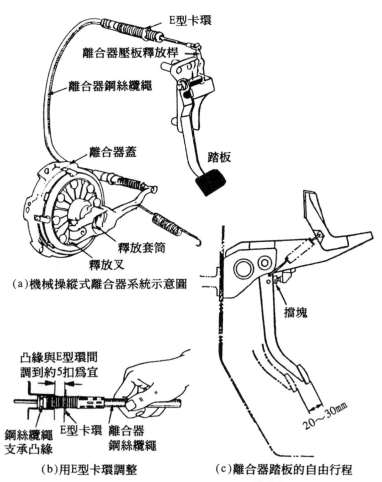

E型卡環

離合器壓板釋放桿

離合器鋼絲纜繩

離合器蓋

踏板

釋放套筒

釋放叉

(a)機械操縱式離合器系統示意圖

擋塊

20~30mm

凸緣與E型環間
調到約5扣為宜

鋼絲纜繩　E型卡環　離合器
支承凸緣　　　　　鋼絲纜繩

(b)用E型卡環調整

(c)離合器踏板的自由行程

圖1-67　機械操縱式離合器的調整

煞車拖曳引起的加速性能不良

○故障特徵

　　煞車拖曳的汽車在行駛中或慣性滑行時，常會感到車子"沒勁"。若全部車輪煞車都有煞車拖曳症狀時，是由於煞車踏板無自由行程、煞車總泵不良或車輪煞車不能回位所致。只有一只車輪的煞車有拖曳現象時，可能是由於該輪的煞車來令片與煞車鼓間隙不足或輪殼軸承鬆動等所致。

○故障原因

　　煞車拖曳大多是因駕駛員失誤而忘記鬆開煞車造成的。此外，由於煞車調整不當，煞車來令片在煞車鼓內不能回位，致使煞車來令片總是壓在煞車鼓上，即所謂煞車咬死狀態，因此汽車不易加速。

　　更為嚴重的是，汽車在煞車拖曳狀態下繼續行駛，會產生煞車系統汽阻(煞車油被摩擦熱加溫沸騰產生氣泡，用煞車踏板給煞車主缸加壓時，油壓被氣泡吸收，使之無法產生煞車力)，再踩煞車踏板，也不會有煞車效果。

○故障快速排除

　　具體檢查和排故方法請參看本書傳動系統故障快速排除的內容，也就是說，解除了傳動系統中底盤方面的故障，煞車加速性能不良的現象，自然也就迎刃而解。

　　煞車結構如圖1-68所示。

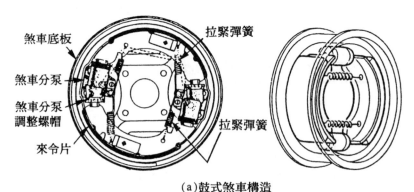

拉緊彈簧
煞車底板
煞車分泵
煞車分泵
調整螺帽
來令片
拉緊彈簧

(a)鼓式煞車構造

圖1-68　煞車的種類及其構造

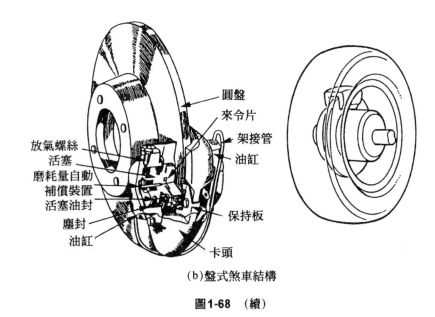

圓盤
來令片
架接管
油缸

放氣螺絲
活塞
磨耗量自動
補償裝置
活塞油封
塵封
油缸

保持板

卡頭

(b)盤式煞車結構

圖1-68 （續）

（四）引擎運轉中異響的快速排除

□深踩油門踏板時，引擎發出爆震聲

○故障特徵

在汽車起步或加速時，踩下油門踏板後，引擎運轉中發出"咔啦、咔啦"或"嘎、嘎"的金屬聲。

該徵狀通常稱之為爆震，屬於引擎燃燒異常的一種現象。如果在引擎起動時，爆震聲幾秒鐘就消失的話，可以不必去追究它；如果長時間連續響下去的話，那就有問題了。

爆震是引起引擎功率下降的導因。

○故障原因

　　引擎爆震通常發生在點火不正時(過早)、火星塞過熱、燃燒室積碳過多、汽油辛烷值低等原因所造成的點火異常、引擎過熱或超負荷等情況。

點火過早

　　爆震的主要起因是由於點火過早。點火必須是在使混合汽有效燃燒產生最大功率和混合汽能完全燃燒的最佳時刻，通常將此時刻叫作點火正時。我們知道，被吸入引擎汽缸的可燃混合汽，由火花出現到工作混合汽完全燃燒大致需要0.005s，雖然該時間極短，但對於高速運轉的引擎而言，即使在這樣短的時間內，曲軸也將轉過相當的角度，活塞也會移動相當的距離。如果恰在上死點點火，則混合汽將在逐漸增大的容積內燃燒，致使燃燒最高壓力降低、補燃增加、熱損失增大，於是引擎功率下降、油耗增加並使引擎過熱。為此，點火時刻設在活塞到達上死點之前。

　　引擎正時因車種而異。譬如以日產汽車引擎為例，廠家規定的標準是在引擎轉速為6500r/min時，點火時刻在上死點前7°(BTDC7°)。如果因某種原因而造成該點火時刻失準後，引擎的低速運轉將變得很不穩定，並導致功率下降，或在起動時伴有"匡、匡"的爆震聲。

　　利用試驗台或正時燈，能夠準確地校準點火正時。在條件不允許的情況下，用下述方法至少也可使爆震聲消除。當然，這都是一些暫時性的措施，真正校準點火正時，最終還是要到修理廠去。

○故障快速排除

(1)　用扳手將分電盤固定螺絲鬆開，把分電盤外殼向左或向右輕輕地試著轉動。向右轉，點火時刻提前。常見日立、三菱系列的汽車分電盤向左轉，點火時刻延遲，因此稍許向左轉，延遲點火時刻以消除爆震聲(圖1-69)。

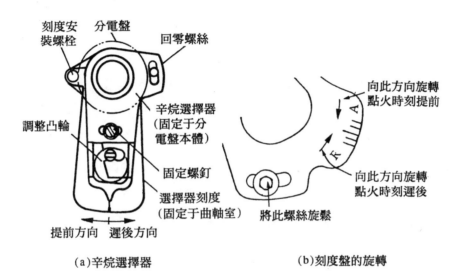

（a）辛烷選擇器　　　　　　　　　　　（b）刻度盤的旋轉

圖1-69　轉動分電盤外殼以延遲點火時刻示例

(2)　務請注意，在轉動分電盤外殼校準點火正時時，儘可能轉動半格到一格刻度為宜，轉動過多會對引擎帶來副作用。

在實際行駛中，變速器換入第1檔、車速為50km/h時，將油門踩到底，若有3～5秒鐘輕微爆震聲，之後消失爆震，說明點火正時大致準確。

火星塞使用的型號不當

○故障原因

　　根據火星塞導熱能力不同(或按電極受熱情況)，火星塞有熱型與冷型之分。

　　各種引擎隨著功率、冷卻方式、壓縮比、轉速和其他參數不同而有不同的溫度狀況。因此，應配用具有合適導熱能力的火星塞。如果駕駛員隨意換用了火星塞，譬如換用了過冷型火星塞之後，電極上特別容易積碳，火星塞失去"自潔"作用(高溫燒掉積碳稱"自潔")，會造成引擎起動困難或運轉不穩等病症。反之，若換用過熱型的火星塞，則電極上會產生高熱，造成電極過早燒蝕，易發生在火星塞點火之前的熾熱點火，混合汽自行燃燒，引起爆震和引擎不易隨關閉點火開關而立即熄火等病症。總之，隨便換用火星塞，會縮短引擎的使用壽命。

　　火星塞的使用型號，引擎廠家在使用說明書中有明確的規定(圖1-70)。

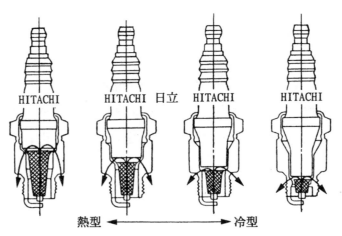

熱型　←——————→　冷型

圖1-70　熱型、中型和冷型火星塞

　　更換火星塞時，必須用廠家規定型號的火星塞。火星塞性能良否，對引擎性能有直接的影響。所以，在更換火星塞時，應將整台引擎上的火星塞全部更換。

積　碳

○故障原因

　　一般來說，在新引擎的火星塞電極上不容易造成積碳，而在舊引擎上卻是常見的故障。引擎燃燒室在長期使用過程中，積存有汽油、機油的積碳，於是汽缸容積縮小，引擎壓縮比失準(增高)，這種情況也是引起爆震的原因。情況嚴重時，溫度高到一定程度後，積碳極易引起異常點火，這將更加促使爆震發生(圖1-71、圖1-72)。

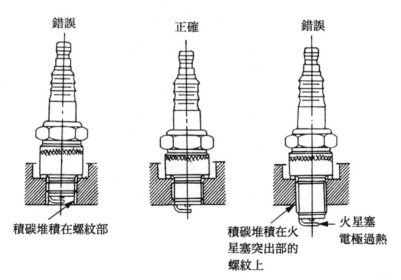

錯誤　　　　正確　　　　錯誤

積碳堆積在螺紋部　　積碳堆積在火星塞突出部的螺紋上　　火星塞電極過熱

圖1-71　火星塞突出部分與汽缸蓋的關係

　　異常點火引起引擎爆震時，即使關掉點火開關，引擎仍然會繼續燃燒並發出"咔啦、咔啦"的響聲和振動而不能熄火。早先的汽車有這種不熄火的現象，而現代引擎的化油器內裝有關掉點火開關供油(系統)便自動切斷的機構，因此，幾乎再不會發生不熄火的現象。

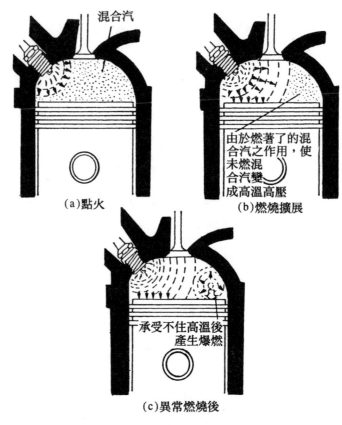

(a)點火

(b)燃燒擴展

由於燃著了的混合汽之作用，使未燃混合汽變成高溫高壓

承受不住高溫後產生爆燃

(c)異常燃燒後

圖1-72　汽缸中的燃燒狀況

過　熱

○故障原因

　　汽車在行駛中出現急促的、類似敲擊金屬的爆震聲，可以斷言，這是引擎過熱引起的。

　　汽車引擎在循環進行壓縮、膨脹、排汽的過程中要產生熱量，這些熱量必須控制合適，如果失去平衡，引擎就會過熱。

　　發熱的原因是由於冷卻不充分而熱量增加，爆震聲越大，說明過熱情況越嚴重。

　　遇到引擎過熱故障，無論如何要停下汽車，這是冷卻引擎最簡便的方法。但要注意不得使引擎急驟停轉。這是因為，處於高溫狀態下的引擎，停轉後熱量無法散發，反而會燒毀機件，所以，停車後先把引擎罩掀開，讓引擎怠速運轉一會兒，利用外部空氣使引擎逐漸冷卻下來後再關掉點火開關，這是一種妥當的方法。

　　目前，汽車引擎都具有完善的冷卻系統，其中較常見的是水冷卻系統。冷卻系統應保證引擎處於最有利的溫度狀態，採用水冷卻，應使汽缸蓋內冷卻水溫保持在80～90℃。汽車在行駛中引擎過熱的主要原因是冷卻系有故障，因此經常對風扇皮帶張緊度、冷卻水量、散熱器有無漏水等項目檢查是不能忽視的。

　　此外，若汽車超載、超負荷或爬長坡行駛，由於引擎超負荷工作，無疑也是造成引擎過熱的原因。

　　行駛中引擎出現爆震聲時，不要用直接檔(指四檔或更高檔)行駛或將油門踏到底，要換檔減速行駛。

汽油的辛烷值

　　在商品汽油中，有高辛烷值和低辛烷值等不同規格的汽油。車用汽油應按引擎壓縮比高低來選購。但由於汽油生產廠家不同，即使同樣規格的汽油，辛烷值也還是存在差異。當換一個加油站加油後出現爆燃時，可以斷定辛烷值不對是其原因之一。

　　絕對不可隨便給高壓縮比引擎(或稱高辛烷值引擎)加注普通汽油(辛烷值75～85)；反之，低壓縮比的引擎也無必要使用高辛烷值汽油。

❏異響與混合汽不完全燃燒有關

○故障特徵

　　徵狀主要表現為引擎起動後，在排汽消聲器處有"噗嚕、噗嚕"、"啵嘶、啵嘶"和"梆、梆"等音調各異的聲響。

　　有經驗的駕駛者和修理者，可以根據這些不同的聲響，找出有機件的異常情況。異響不同，故障原因自然也不一樣。

　　一般特點是在不踩油門踏板引擎低速運轉時，有輕微的"噗嚕、噗嚕"、"啵嘶、啵嘶"聲，而當引擎高速運轉時，有很響的"梆、梆"聲。

○故障原因

　　前一種聲響是由於混合汽不完全燃燒所導致，即有點火異常的汽缸產生運轉不均勻所發出的。後一種屬於未完全燃燒的可燃混合汽進入排汽管後，在消聲器裡急驟燃燒所發出的聲音。

　　當引擎轉速進一步提高時，引擎罩內有炒豆似的聲音，其原因除分電盤蓋上的火星塞高壓線有問題外，可能有漏電的部位。

　　總而言之，上述出現的各種異常聲響，與不同的故障原因有關，如果將重點放在汽缸不完全燃燒上，那麼診斷範圍即可縮小。一般情況，聲響發生在特定的汽缸上，屬於點火系統的故障；聲響若不是發生在特定的汽缸上，則為汽油供給系統的故障。

點火系統的故障

　　故障原因是否屬於點火系統，可用下述方法診明後排除。

○故障快速排除

(1)　保持引擎怠速運轉，把高壓線從火花塞接頭上取下，用螺絲起子的尖端挑著高壓線，使螺絲起子金屬部距離機體5mm試火觀察。若此時高壓線端的"叭、叭"白亮或帶有藍紫色的火花跳過，且引擎運轉顯出不平穩，則說明分電盤與高壓線、點火線圈均正常(圖1-73)。

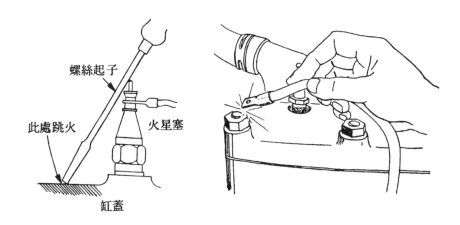

螺絲起子

此處跳火　　　　火星塞

缸蓋

圖1-73　檢查次級(高壓)線路

(2)　因為在試驗(1)時取下了一根高壓線，所以引擎轉速下降，雖有"噗嚕、噗嚕"、"啵嘶、啵嘶"聲響和不平穩狀況，但反過來這一現象正好說明原來汽缸內的工作是正常的。若引擎轉速並不下降，也無異常聲響，則證明原來這隻汽缸就不工作。

(3)　用上述方法，依次對各隻火星塞高壓線進行試驗，若從火星塞上取下的高壓線端與機體間跳火良好，而汽缸不工作時，則有可能是火星塞不良或汽缸壓縮壓力不足。

⑷　用火星塞套筒扳手拆下火星塞，檢查火星塞電極和絕緣部分。若電極嚴重燒損或堆有積碳，火星就不能順利跳過，因此髒污嚴重的火星塞必須予以更換(圖1-74、圖1-75)。

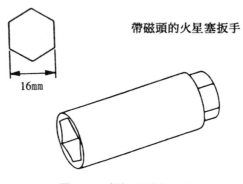

帶磁頭的火星塞扳手

16mm

圖1-74　拆卸火星塞工具

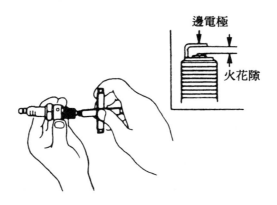

邊電極

火花隙

圖1-75　活塞和缸徑是否超過規定值的檢測

⑸　引擎蓋內有"叭嘰、叭嘰"炒豆似的聲響時，要檢查分電盤蓋與火星塞之間的高壓線。另外，也可能是分電盤蓋上有微小裂紋產生漏電的情況。

⑹　在排汽消聲器處有很響的"梆、梆"聲，是不完全燃燒所致，因此要仔細檢查火星塞等部件。

汽油供給系統故障

○故障原因

若火星塞上能跳過強烈的火星，配電相位也不會突然變壞，餘下的就是汽油供給系統的問題了，尤其可能是化油器的問題，其中包括有混合汽過濃、過稀、化油器調整不良等原因造成的斷火。特別是混合汽濃度，過濃、過稀都不能發火。

混合汽變濃的原因有：

(1) 阻風門工作不良。

(2) 浮筒室油面過高或供油過多。

(3) 化油器過熱，汽油(發生)熱溢。

混合汽過稀可能是汽油泵不良或浮筒室油面過低等原因。具體的症狀是，當踩下油門踏板後，有"梆、梆"的異響，這是化油器回火從進汽管和喉管內發出的響聲。有的情況好像有煞車似的，隨著"匡、匡"的連響而熄火。

□汽車故障的警報——異響

○故障特徵

汽車行駛中，引擎突然發生異常聲響，駕駛員會立刻警覺到"引擎又出毛病了"，並預感汽車因引擎故障造成"拋錨"。

○故障原因

凡引擎正常運轉以外的聲響，均屬異響。異響的出現，說明引擎有了某種故障，因此辨別聲響可以找出引擎故障所在、類別等，從而作出相應的處理辦法。

　　然而，異響的種類和輕重有著明顯的差別，而且遍布整個引擎，異響的起因也不一定單一，有時是幾種情況的組合所致。對於經驗不足的駕駛員來講，通過辨別異響找到故障所在，絕非是一樁易事，幾乎都得回修理廠檢修。

　　最重要的問題應當這樣認識：聽到異響之後，應能分清哪些異響自己有能力排除，哪些是自己不能處理的，並且要判斷出哪些異響與車輛本身故障無關。

異響舉例種種

(1)　爆震聲響

　　"爆震"即Knocking，是引擎加速時，爆炸壓力敲擊活塞或燃燒室壁的衝擊聲。汽車行駛中出現爆震聲的主要原因，多出於引擎過熱，此外還有下列一些原因：

列一些原因：

　　點火過早；使用了低辛烷值汽油；混合汽過稀；燃燒室內有積碳；火星塞型號不對；點火提前角裝置不良。

　　引擎產生爆震時，功率必然下降，重者會損壞引擎，務必從上述幾點去考慮，千萬不可強行運行。自己實在無能為力解決，最好及早把車送修理廠修理。

(2)　活塞敲缸響

　　活塞、汽缸筒磨損後，在工作行程中活塞橫向擺動，敲擊汽缸壁發出"咔嗒、咔嗒"的異響。這種故障，一般發生於症狀較輕的初期階段，其特點是：在引擎剛起動的冷車階段有響聲，引擎熱起來後異響便消失。

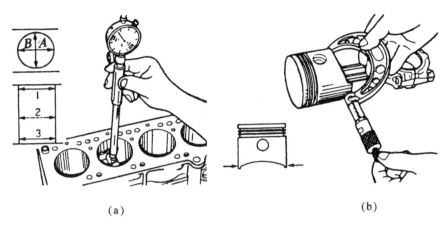

（a）　　　　　　　　　　　　　　　　　　　　　　（b）

圖1-76　活塞和汽缸筒直徑是否超過規定值的檢測

⑶　連桿軸承響

連桿軸承響是由於潤滑系統工作不良所致，特別是當機油中混進水分，使軸承磨損加劇產生"匡、匡"異響。

⑷　汽門響

汽門響呈現極有規律的間隔，"咔嘰——、咔嘰——、……"或"咔嗒——、咔嗒——、……"聲很令人煩惱，這種聲響是由於汽門腳間隙過大而形成的(圖1-77)。

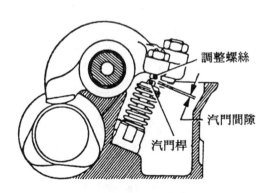

調整螺絲

汽門間隙

汽門桿

圖1-77　汽門腳間隙調整部

(5)　時規齒鏈響

這種異響的發出是因為時規齒鏈鬆動所致，當引擎在低速或怠速時，在引擎前方有十分尖銳的"咔啦、咔啦"或"沙啦、沙啦"聲。

異響與鏈節磨損、鏈條伸長、鏈條與鏈輪嚙合不良等因素有關(圖1-78、圖1-79、圖1-80)。

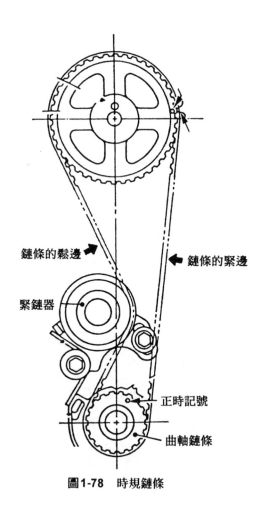

鏈條的鬆邊　　　　　　　鏈條的緊邊

緊鏈器

正時記號

曲軸鏈條

圖1-78　時規鏈條

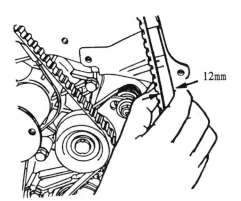

圖1-79　檢查時規齒鏈

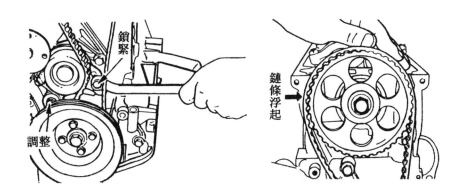

圖1-80　時規齒鏈張緊度的調整

(6)　化油器發出的異響

　　汽油引擎工作時，化油器中有"砰、砰"、"咕喳、咕喳"等響聲，並有煙或火焰從化油器喉管中竄出，此種故障稱之為化油器回火(blowback)。

　　混合汽過稀通常是化油器回火的主要原因。此外，汽門正時不對(進汽門開啟過早、汽門間隙小)；汽門卡滯(汽門座落不充分、汽門口密封不良)；汽缸墊損壞、火星塞過熱致使引擎早燃等都可引起回火故障。

⑺　消音器發出的爆炸聲

　　這是由於引擎後燃或滯燃所產生的一種故障,有人稱之為封火 (banked fire)。由於某種原因使得未完全燃燒的混合汽進入了排汽管, 此種可燃氣體自行起火而引起異常聲響。具體原因如下:

　　化油器不良而引起混合汽過濃或過稀;

　　點火系統中斷電器白金接點的燒損、線圈或電容器之不良、高壓配 線的短路或者混線、點火位置之錯亂或配線錯誤。

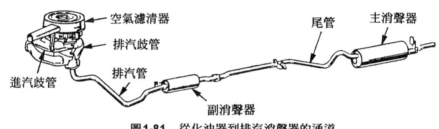

圖1-81　從化油器到排汽消聲器的通道

⑻　飛輪響

　　在引擎後方出現"咕隆、咕隆"的連續聲響時,說明飛輪安裝部螺絲 鬆動。尤其在引擎低速運轉時,響聲更大。

⑼　水泵的噪聲

　　汽車行駛中,水泵部位出現"唏——"的連續響聲,或嚴重時發出" 咕——"的連續音,其原因是水泵軸承缺少潤滑脂。

○故障快速排除

　　用手前後活動風扇上端,若感到鬆曠、從風扇軸周圍往外漏水,則 可確定是缺少潤滑脂。當加注潤滑脂後,並拆下風扇皮帶轉動引擎,若 異響消失,則說明問題出在水泵軸承。水泵構造示意圖參見圖1-82。

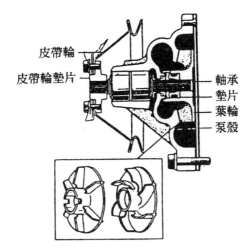

圖1-82　水泵構造示意圖

⑽　發電機軸承響

因為這種響聲和上述水泵不良的響聲十分相似，所以很容易"誤診"。拆下三角皮帶後用手轉動發電機時有異響，則可能是發電機軸承磨損。

⑾　風扇皮帶響

具體徵狀是汽車行駛中風扇皮帶發出一種難聽的打滑聲。風扇皮帶(斷面呈三角形)過鬆或過緊都不好。風扇皮帶太緊，會使水泵或發電機軸承壽命縮短；風扇皮帶太鬆，會使水泵工作不良，引起引擎過熱等故障，因此要經常注意檢查調整。

此外，即或張緊度合適，風扇皮帶經長期使用後也會磨損。風扇皮帶內邊與皮帶輪槽底接觸後，也會引起同樣的不良後果。

風扇皮帶應按照一定的使用期限更換。新換皮帶起初因不適應發出難聽的怪音時，可通過調整風扇皮帶張緊度來消除這種聲音(圖1-83)。

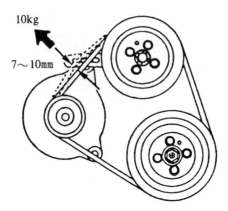

圖1-83　風扇皮帶的張緊度

⑿　火星塞鬆動

　　火星塞緊固不良，產生"卟唏、卟唏"的漏汽聲，並從火星塞安裝孔還能看到有機油滲出，因此必須旋緊火星塞，防止其鬆動。

⒀　分電盤的異響

　　分電盤蓋內有"嗑、嗑"聲時，是由於分電盤凸輪缺少滑脂所致。遇到這種情況時，可暫時用引擎機油尺前端沾一點機油塗在凸輪上以消除聲響。

　　還有的分電盤蓋內出現"沙啦、沙啦"或"咔嗒、咔嗒"的響聲，原因是離心調速器彈簧脫落所致。尤其低速運轉時，徵狀最為明顯。

⒁　高壓電漏電的異響

　　引擎周圍有"叭嘰、叭嘰"炒豆似的聲音，並有跳火現象。這是由於火花塞高壓線脫落，或點火線圈髒污、受潮造成高壓電漏電所引起的現象。緊固好高壓線接頭、作好清潔工作後，徵狀可立即消除。

⒂　進汽系統的異響

　　化油器或進汽歧管安裝不合適，可從不密封處吸進空氣，產生"唏——"或"僻——"的異響。其原因是密封不良或各種橡膠管有裂縫。

⒃　排汽系統的異響

尤其消音器有漏洞或排汽管連接不良時，會有廢氣"噗嘶、噗嘶"的漏出聲。另外，消音器或排汽管因腐蝕破損、焊接不良，也會在引擎加速時發生震顫聲響。

⒄　汽車收音機雜音

汽車收音機、立體聲廣播聲中混有"叭哩、叭哩"、"噗哧、噗哧"的雜音，是因點火系統中的點火裝置(發電機、自勵馬達、弧刷等)產生電火花的干擾造成的。

若在點火線圈的正極接線柱上裝一隻0.5微法拉(0.5 μF)的電容器，或者換用帶附加電阻的火星塞(在火星塞上有"R"標記的高阻火星塞)，可以消除上述雜音。

收音機裡有"嗶、嗶"聲時，是矽整流交流發電機的雜音，蓄電池放電過度時，響聲將增大。

○故障快速排除

在矽整流交流發電機的B接線柱(電流輸出端)上安裝一隻電容器即可消除雜音(參見圖1-84)。

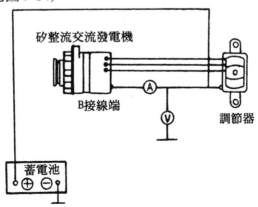

圖1-84　矽整流交流發電機的電流輸出端(B端)

（五）引擎潤滑系統故障快速排除

□機油的消耗與黏度降低

　　引擎的運動機構，主要是由往復運動部位與旋轉運動部位組成的力學機構，有了這些運動部位，引擎就能發動運轉。由於運動部位的金屬直接接觸會引起功率損失和加劇機件磨損，因此現代引擎採用全壓送式或壓送飛濺式的潤滑方式，通過機油泵向零件的接觸表面強制供油，使相對運動的金屬零件摩擦面之間形成油膜，以減少磨損。通常我們稱這套保證引擎能夠連續運轉的輔助系統，稱為引擎潤滑系統，其潤滑油路參見圖1-85。

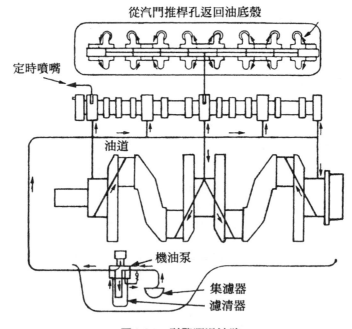

圖1-85　引擎潤滑油路

*在機油回路中設有機油濾清器，使機油的全部或一部分通過機油濾清器，除去不潔物。
全部機油通過機油濾清器的叫全流式濾清器；一部分機油通過濾清器的叫分流式濾清器
，一般使用全流式濾清器。

　　引擎機油除了潤滑作用之外，還有吸收和散發燃燒和摩擦所產生的熱量，以及沖洗磨耗金屬粉末等主要作用。

　　參見表1-9，潤滑系統的流程簡述如下：由曲軸帶動的機油泵把機油從油底殼中吸起，經集濾器，進入機油泵，通過機油濾清器的過濾（粗、精濾），而後將乾淨的機油加壓送往引擎各潤滑部位，最後重新返回油底殼。

表1-9　潤滑系統的流程

　　潤滑系統中的機件因某種原因發生故障後，必然會引起引擎各零件的早期磨損和燒蝕，引擎將提前報廢。

　　潤滑系統的實際故障有：

- 　機油壓力不足。
- 　機油超量消耗。
- 　機油很快髒污。
- 　系統中油道堵塞等。

　　以上故障會造成引擎致命損傷，所以應儘快找到故障原因，及時排除。

機油不足

○故障特徵

汽車儀錶盤上通常都裝有機油壓力錶或警報燈，行駛中，一旦發現機油警告燈閃爍、機油壓力錶指針低落，必是機油不足。

因為良好的潤滑效果是靠穩定的機油壓力來保證的，所以，當供油量大幅度地發生變化時，油壓也在變化，致使機油無法發揮其應有的潤滑機能。

表1-10為機油超耗原因分析：

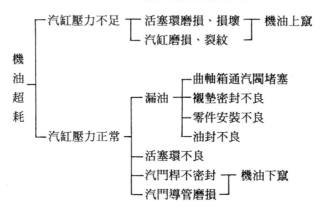

表1-10　機油超耗原因的分析

○故障原因

機油壓力不足，主要是機油量不夠。此外，還因機油泵不良、濾清器髒污和堵塞等原因所致。

○故障快速排除

(1)　首先把車輛停放在平坦場地上，在引擎發動前或停車數分鐘後，將擦淨的機油尺插回引擎側面孔中，再抽出看油面高度，即可知機油存量及質量。機油若在"H"與"L"之間為適量；若在"H"以上，屬機油過量；在"L"以下，為機油不足(圖1-86)。

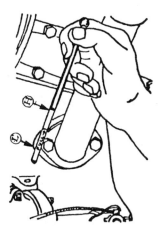

圖1-86　機油量的檢查方法

(2)　測量結果，如果機油量充足，那麼機油壓力不足，可檢查機油錶感應塞是否有故障，或者機油泵有問題。

(3)　將裝在引擎上的機油錶感應塞旋鬆3圈左右，起動引擎時如果從螺紋接口處冒出機油，說明潤滑系統正常，即可判明是感應塞有毛病；如果機油一點也不冒出來，則是機油泵等潤滑裝置有了故障。

(4)　機油量充足而警報燈閃爍，有可能是警報燈接線柱鬆動、接觸不良或保險絲燒斷等。

(5)　機油在使用過程中自身的氧化和因燃燒生成物、塵埃混入，致使其性能下降。因此很有必要適時地(根據性能下降程度推斷引擎污程度，從而決定換油週期)更換機油。更換機油，用市售的機油加注器，雖則換油方法簡單，但是為了將沉澱在油底殼下面的污物清除乾淨，每次換油要分三次打開油底殼放油，這樣即使麻煩一些，然

而這是一種文明的作業。加油時，取下機油加注口蓋，可以很方便
地把機油加注進去。

(6) 原則上，機油應保證5000km行駛里程更換一次，但嚴格來講，最
好1000km行駛里程要檢查一次機油品質。若發現機油變得黑糊糊
了，或者在機油加注口蓋上黏有醬狀似的黏著物，說明機油已經變
質，應立即更換。

最好使用廠家規定的機油，用市場上的普通商品機油當然也行，不
過，換油週期應嚴格按機油生產廠家規定，這一點務請注意。

機油消耗

○故障原因

一般情況，汽車每行駛2000km，機油要消耗1L左右，具體消耗量
因引擎的磨合情況、功率大小不同而異。另外，汽車在低速等狀況下行
駛，機油消耗會有所增大，尤其在山區行駛時，機油消耗量要比預計的
多，這從機油平面明顯下降可以得知。

然而，大多數的情況屬於機油洩漏，診斷機油洩漏的方法如下(參
見圖1-87、圖1-88)。

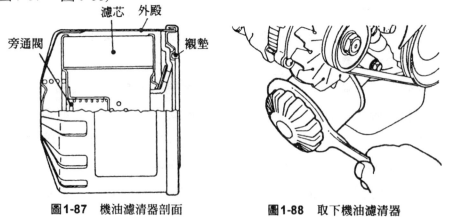

圖1-87　機油濾清器剖面　　　　圖1-88　取下機油濾清器

○故障快速排除

(1)　機油更換後，如果不把機油加注蓋旋緊，機油很容易從該處漏掉。另外，汽車行駛時也可能把機油加注口蓋震鬆脫，因此要注意將其旋緊。

(2)　檢查油底上殼的放油塞。放油塞周圍嚴重髒污時，可能是放油塞鬆動或密封墊圈損壞。更換新密封墊圈後，要把放油塞旋緊到正好不漏油時為止。

(3)　機油濾清器安裝錯位也可能漏油。出現這種情況，是因安裝表面上或密封墊圈上黏有異物造成裝配處不密合所致。

(4)　預防機油還會從油底殼密封襯墊、汽門室蓋、正時齒輪室蓋等處洩漏的辦法，是將所有連接部的螺栓、螺帽緊固。

機油上竄

○故障特徵

　　機油竄入燃燒室造成機油消耗量增加，雖不像機油漏到外部那樣的癥狀令人擔心，但是，引擎在這種狀況下長期使用，會造成各部機件嚴重磨損。

　　機油上竄是機油從汽缸與活塞、活塞環的間隙竄入燃燒室的一種現象，引擎長期在此狀況下工作，會造成汽缸、活塞、活塞環磨損，非大修不可了。

機油下竄

○故障特徵

實際情況是，機油加入量很多，可是，當引擎怠速運轉時，機油警報燈閃爍；當踩下油門踏板引擎轉速提高時，警報燈就熄滅了。

機油報警燈之所以在引擎減速運轉時閃爍，其最主要的原因是機油黏度下降，這時機油的消耗量也會增多。

所謂機油黏度即表示機油的黏性程度，它是機油的主要性能之一。為了保證潤滑作用，在規定的溫度和壓力下，機油應具有適當的黏度。引擎的起動界限是由蓄電池、燃料、化油器等多種條件決定的，而其中最大的影響因素則是機油的黏度。如果機油黏度很高，會使引擎滑動機件的運動阻力增大，造成引擎起動困難；反之，若機油黏度降低時，運動摩擦面之間不能保持適當油膜，因此而產生活塞和汽缸壁密封作用不良，燃燒氣體漏入曲軸箱使機油變質，導致引擎各機件的嚴重腐蝕和磨損，可見機油之作用如此之大。汽車用機油的性質，還與溫度密切相關，溫度上昇，黏度下降；溫度下降，則黏度增大。機油黏度變化對溫度變化的比率，稱為黏度指數(圖1-89～1-91)。

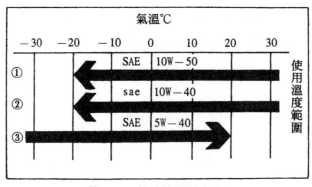

圖1-89　機油使用溫度範圍

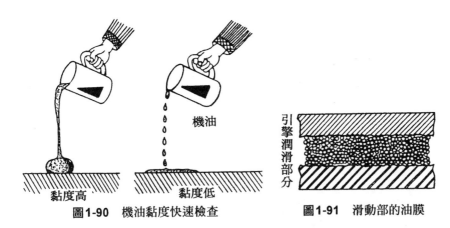

黏度高　　　　黏度低
圖1-90　機油黏度快速檢查　　　　**圖1-91**　滑動部的油膜

　　機油黏度隨溫度變化，因而汽車必須隨地區、季節或使用條件來選用不同牌號的機油。冬季，在低溫、新車時，應使用稀機油；夏季，引擎連續運轉、磨損大，機油消耗多時，應使用稠機油。這種根據氣溫和使用條件，將機油按黏度進行分類的機油，稱單級機油。但是，近年來又有和單級機油不同的通用機油(又稱複級機油，目前廣為用之)，如5W-30、10W-30、20W-40、10W-50等。

　　通用機油是黏度範圍甚廣的機油，如10W-50在低溫起動方面，具有SAE10W的性能(即在－17.8℃的黏度範圍內，SAE是美國汽車工程師學會的縮略語，於1911年發表了最早的黏度分類法)，比普通機油黏度指數高。這種以不使用條件進行黏度分類的機油，稱之為全季節通用機油。全季節通用機油即使在－25℃使用時，仍可保持必要的黏度。

　　雖然機油具有那樣的品質，但是車用機油的換用週期卻因性能的下降程度而異。嚴冬季節，短距離往返行駛或低速而又重載行駛的汽車，機油會提前劣化，所以不能僅以機油的品質來決定換油週期。由機油性能下降程度，可以推斷引擎部件污損程度，從而決定換油週期，這是多

年來研究的課題，它與機油的保存、管理、經濟性等多種因素有關。近
年來，由於引擎用機油性能不斷提高，換油週期也相應改變。

第二章

汽車底盤的
故障快速排除

　　為了保證汽車駕駛員、乘員的安全和汽車有效地運行，應當正確使用汽車，即根據任務和條件，合理地安排用車計畫，嚴格按照汽車結構特點、使用性能和技術要求進行維護。換言之，正確操縱手中的車輛，既能有效地減少各部件的磨損和損壞，保持良好的行車狀況，延長汽車的使用壽命，既能充分發揮汽車的工作效率，更能完成運輸任務，降低使用費用提高經濟效益。因此，作為一個駕駛員，必須對汽車的底盤結構及通用性的底盤技術保養週期有所了解(圖2-1)。

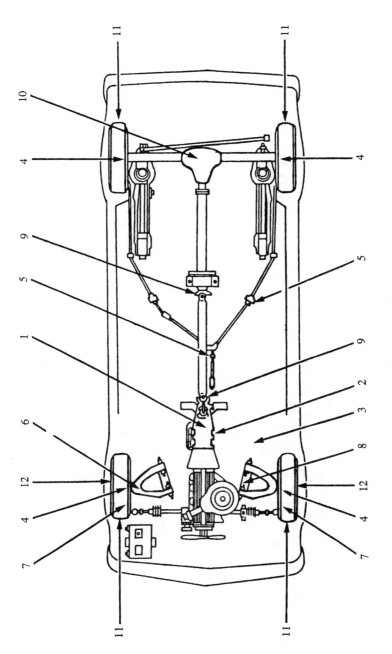

圖2-1　汽車底盤的保養(結合下表2-1讀圖)

表2-1

圖注號	項　　　　　目	技 術 保 養 週 期
	■自動變速箱	
1	換油	38000km/2 年
1	更換濾清器或清潔濾芯	38000km/2 年
	■離合器和手動變速器	
2	檢查潤滑油液面	4800km/3 個月
2	更換潤滑劑	38000km/2 年
3	檢查離合器踏板行程	10000km/半年
2	潤滑變速箱變速機構	10000km/半年
	■煞車	10000km/半年
4	檢查煞車來令片	
4	檢查煞車分泵、回位彈簧、卡來、煞車軟管、煞車蹄片、煞車圓板	1000km/半年
	■懸吊	
6	檢查避震器	20000km/1 年
7	檢查輪胎的異常磨損	1600km/1 個月
8	加注動力轉向機油等	4800km/3 個月
	■後軸	
10	檢查後軸潤滑油液面	10000km/半年
	更換後軸潤滑油	38000km/2 年
	■傳動軸	
9	潤滑萬向節	10000km/半年
	■輪胎	
11	清潔輪胎胎面上雜物	根據需要
12	檢查胎壓	每次到加油站／2 週
11	調換輪胎	10000km/半年
11	檢查胎花深度	10000km/半年
12	清潔車輪	根據需要
12	檢查車輪負荷	每次到加油站時／2 週（當你檢查胎壓時）
11	車輪換位	10000km/半年

　　籠統地講，汽車底盤概括了汽車傳動系統、行駛系統、轉向系統及煞車系統的部件。首先我們從底盤的技術保養週期談起。

　　結合圖2-1，表中給出了按里程(km)或按時間(年、月、週)計算(兩者之中，不論哪項達到規定數時即應保養)的最短技術保養週期。這兩種技術保養週期都是以假定平均每年行駛約2000km作爲根據的。

□傳動系統的基本檢查項目

　　汽車傳動系統的功用是將引擎發出的動力傳遞給驅動車輪，或者說，引擎的動力是通過汽車底盤的傳動系統裝置驅動汽車行駛的。底盤傳動系統是決定汽車行駛性能好壞最爲重要的一個組成部份。

　　汽車傳動系統把引擎和驅動車輪串聯起來，引擎產生的動力經過離合器、變速箱、傳動軸、差速器，最後傳給驅動車輪，從而實現汽車的起步和正常行駛(參見圖2-2)。

　　由於汽車傳動系統中的傳動裝置相互有關地連繫在一起，因此，不論其中哪個裝置發生故障，不僅會造成車況惡化，甚至很可能造成汽車"拋錨"。

　　車底盤傳動系統方面的故障與引擎出現故障所造成的後果不盡相同。通常傳動系統故障會有兩種後果，一者汽車照舊可以維持行駛，另一者汽車根本無法行駛。前者若不及時找到故障將其排除，是引起事故、釀成車禍的危險與隱患，特別值得注意的是煞車系統故障。

　　雖說底盤傳動系統有了故障可以通過維修得以排除，但是，作爲駕駛員所能直接動手予以維修的項目是有限制的，許多國家有這方面的嚴格要求，明確規定嚴禁車主隨便拆裝以下傳動系統中的部件(僅供參考)：

⑴　離合器、變速箱、傳動軸、差速器。

(2) 前後懸吊。

(3) 轉向機總成、鉸鏈連接部。

(4) 煞車總泵、閥類、管路類、煞車支承、動力裝置、煞車鼓、煞車圓盤。

(5) 懸吊彈簧、避震器、穩定器。

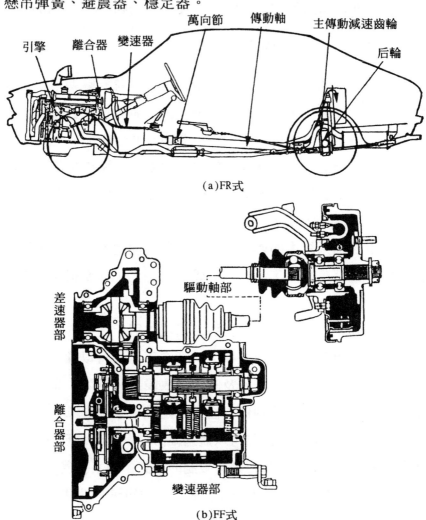

(a)FR式

(b)FF式

圖2-2 傳動系統的一般組成及布置形式

❑換到高速排檔，車速沒有提高

◯故障特徵

　　汽車在起步加速時，車速不隨引擎轉速的提高而加快。特別表現在高速公路上駕駛員看到規定路段的時速標誌時換上高速排檔，但車卻跑不起來，只是引擎高速運轉。由於車速是靠引擎高速運轉來維持的，引擎"負擔"加重，必然導致油耗增加、過熱，汽車的性能顯著下降。

◯故障原因

　　在引擎回轉力矩的傳遞過程中，引擎的功率損失，大多由於離合器打滑。

◯故障快速排除

⑴　將汽車停放在平坦場地，拉緊手煞車手柄，如有條件，在車輪部用止動楔塊抵住車輪(圖2-3)。

圖2-3　拉緊手煞車並擋住車輪

⑵　起動引擎並將變速箱排檔換入低速檔或二檔(或稱換到D檔域)。

⑶　稍微"轟"一下油門，抬起另一隻踩在離合器踏板上的腳使離合器結合(圖2-4)。

小於5s

圖2-4　檢查離合器是否打滑

⑷　此時，若引擎熄火，說明離合器無打滑故障。

　　　但是，若約三秒鐘後引擎熄火，則證明這種熄火徵狀是離合器開始打滑的前兆。

⑸　反之，若引擎不熄火繼續運轉，可以斷言離合器打滑。

⑹　確診離合器打滑，可對離合器踏板自由行程進行檢查。離合器打滑故障，大多是因踏板自由行程過小或無自由行程所致。

離合器踏板沒有自由行程

　　檢查離合器踏板的自由行程，是診斷判明離合器有無打滑的一種近似方法。因為離合器踏板自由行程或離合器釋放叉游隙調整不良、釋放機構、總缸的推桿與活塞的游隙不良故障，都是以離合器打滑所反映出來的。

　　汽車離合器採用較為廣泛的是機械或操縱機構和液壓式操縱機構。

　　簡介如下：

離合器的工作原理簡介

　　機械式操縱機構──踩下離合器踏板，牽動軟軸鋼索，進而壓動膜片彈簧和釋放叉。其結果，拉起壓板彈簧和釋放槓桿作用的膜片彈簧，通過釋放桿的作用拉動壓板，使其與飛輪脫離，離合器轉入分離狀態。

　　鬆開離合器踏板，膜片彈簧靠自身的彈性回復原狀，膜片彈簧外端對壓板產生壓緊力而使其與飛輪壓靠，離合器便處於接合狀態。

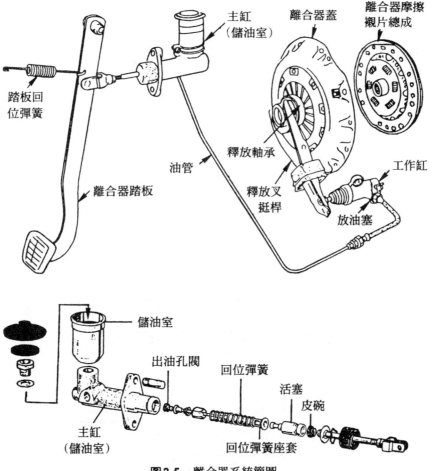

圖2-5　離合器系統簡圖

　　液壓式操縱機構——踩下離合器踏板，從離合器總缸壓送出來的油液，經油管路進入工作分缸，分缸活塞推動釋放叉和膜片彈簧。其結果，拉起壓板彈簧和釋放槓桿作用的膜片彈簧使壓板與飛輪脫開，此時離合器便被切斷。

　　由上述可知，液壓式操縱離合器的"離"與"合"動作是依靠控制油壓，而不是機械式操縱離合器機構系統中的軟軸鋼索(參見圖2-5)。

離合器分離不徹底的判別方法(表2-2)

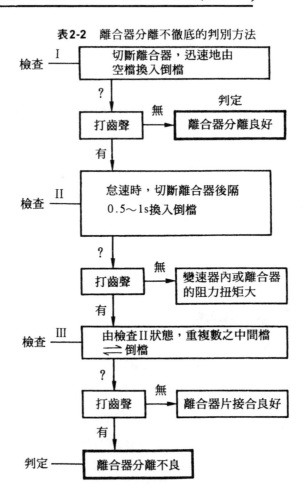

表2-2　離合器分離不徹底的判別方法

　　離合器機械式操縱機構與液壓式操縱機構兩者的踏板行程調整方法
有所不同，分述如下。

○故障快速排除

(1)　機械式場合

　　用手按下離合器踏板時，檢查離合器踏板自由行程是否符合行車使
用說明書上規定的數據(因車而異)。

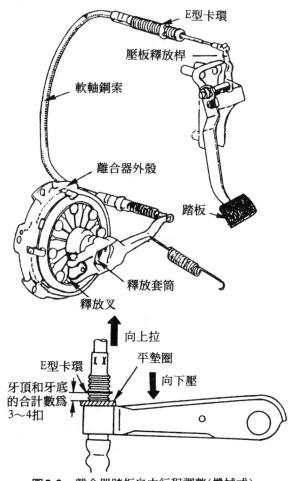

圖2-6　離合器踏板自由行程調整(機械式)

　　離合器踏板無自由行程時，可將離合器軟軸鋼索往外拉，使踏板正好能在規定的自由行程段活動，而後用工具調整E型卡環(圖2-6)。

(2)　液壓式場合

　　液壓式操縱機構離合器分離良否，同樣也是檢查其踏板自由行程是否符合規定。踏板無自由行程時，首先鬆開工作分缸部位的鎖緊螺帽，然後調整推桿長度(圖2-7)。

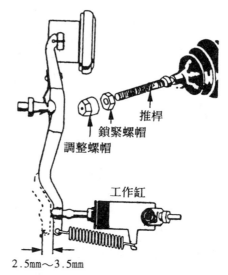

推桿

鎖緊螺帽

調整螺帽

工作缸

2.5mm～3.5mm

圖2-7　離合器踏板自由行程調整(液壓式)

❑踩下離合器時發生異響

○故障特徵

　　踩下離合器踏板，感到換檔很困難，而且變速箱不時地發生"咔、咔"的打齒聲，特別是將變速器換入倒檔或低速檔時，打齒聲更加嚴重。

○故障原因

　　徵狀大多是因離合器踏板自由行程過大、工作行程不足、離合器片偏斜、壓板磨損等所致。

　　平時在踩下離合器踏板時，離合器有無異常是可以感覺到的。如果發現離合器分離不徹底或根本不分離的故障時，應立即按下述方法予以排除。

○故障快速排除

(1)　踏板自由行程過大時，可調整前述的間隙調整部位(液壓式)或E型卡環(機械式)。

(2)　所謂離合器踏板行程，是指從踩動踏板位置開始，到最終接近駕駛室地板位置的一段尺寸。要求此段尺寸一點不差是不可能的，但與規定值相差甚遠就不行了。

　　離合器踏板行程應分為：保證離合器始終可靠接合的自由行程，和保證離合器徹底分離的工作行程。兩部份行程之和又稱之為總行程(圖2-8)。

(3)　如果踏板自由行程和規定的標準差距很大時，屬於機械式操縱機構的離合器，應鬆開踏板止動部份的鎖緊螺帽，左右旋動調整螺栓以改變離合器踏板的自由行程。通常離合器的作用良否，參見圖2-8予以檢查。

(4)　液壓式操縱機構的離合器出現上述同類故障時，應首先檢查總缸儲液罐中的油液是否夠量。如果油量不足，油壓必然下降。特徵是當你踩動離合器踏板時，踏板會"嘶"地落到地板，因此要趕快添加油液(煞車油)(圖2-9)。

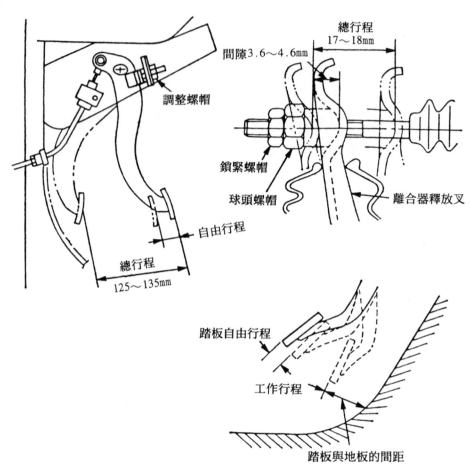

調整螺帽

間隙3.6～4.6mm

總行程
17～18mm

鎖緊螺帽

球頭螺帽

離合器釋放叉

自由行程

總行程
125～135mm

踏板自由行程

工作行程

踏板與地板的間距

圖2-8　離合器的踏板行程舉行

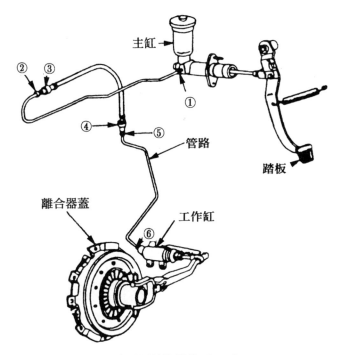

圖2-9　容易漏油的部位(①～②)

(5) 補充煞車油通常很簡單，但應當注意在添加煞車油過程中要多次進行試踩，若有空氣混入離合器液壓操縱系統內，會造成離合器分離更加不徹底，因此，向離合器總缸中添加煞車油之後，必須採取排氣處理。

(6) 單獨一人進行排氣作業的過程如下，並參見離合器減震器→離合器總缸示意圖(圖2-10)。

在排氣過程中要仔細檢查總缸的液位。

第一步：把推薦的煞車油裝滿儲油罐。

第二步：將一根透明的乙烯管連接到放氣閥上。

第三步：完全踩下離合器踏板幾次。

第四步：在踩下離合器踏板時，打開放氣閥放出空氣。

第五步：關閉放氣閥。

第六步：重復上述三～五作業步驟，直到乾淨的煞車油從放氣閥中
流出為止。

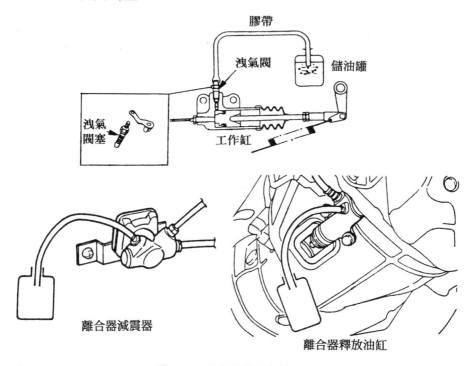

圖2-10　排氣作業過程簡圖

(7)　液壓式操縱機構離合器，是靠總缸壓送出來的液壓油，經管路而使
其工作的。如果總缸內煞車油不足，或當管路接頭、工作缸密封不
良而發生液壓的滲漏時，將導致離合器工作不良。所以，應常常注
意檢查從總缸到工作缸的各管路接頭部位有無漏油情況，隨時用扳
手將接頭部位鬆動的螺絲旋緊(參看圖2-9)。

(8)　離合器出現響聲，應分清是踩下踏板時發生的還是汽車行駛中經常
發生的。踩下離合器踏板時，聽到有"沙沙"聲或"嘎嘎"聲，多是因
釋放軸承潤滑不良，與釋放槓桿內端接觸時產生的響聲。如果加注

潤滑油後仍未能消除響聲，則為釋放軸承磨損或損壞，應及時送廠
修理或更換新件。

行駛中有此故障響聲，應當立即停車檢修或到附近維修點換件，否
則十分危險。

❑離合器接合不平穩而導致汽車不能平穩起步

◯故障特徵

引擎起動後，將變速箱換入低檔，緩緩地鬆開離合器踏板，汽車不
能平穩起步，並發出"哽噹、哽噹"的猛烈衝擊聲和引起車身強烈地震顫
和顫動。此現象通常是因離合器接合不平穩引起的，習慣上稱此為"離
合器的抖動"。

◯故障原因

離合器抖動一般在冷車(離合器冷狀態)時不發生，但在熱車時很容
易發生；還有一種與溫度無關的場合離合器也會顫動。

前者是因離合器片不平、有油污、壓板表面硬化和因溫度升過高而
降低(離合器片)摩擦性能引起的。後者是屬於驅動軸懸吊故障、變速箱
承座損壞等離合器自身以外原因所引起接合不良的情況，這是車主不可
能修理的。

離合器附近處的異響

◯故障特徵

踩下離合器踏板時，發出一種"嘎啦"的碰擊聲，或車身下方有"沙
、沙"的異響。

○故障原因

　　如果異響發自踏板附近的話，是因爲踏板支架和推桿安裝部位橫向鬆動、叉桿銷磨成台階狀所致；如果異響是從駕駛室地板下方發出來的，多爲離合器壓板的滑動聲和離合器片破損引起的。尤其是發出"沙、沙"聲響時，通常是因釋放軸承潤滑油乾涸了。

○故障快速排除

　　出現前一種情況的異響時，可在推桿與踏板U形支架的銷孔部加墊片或更換銷子；出現後一種情況的異響時，如果加油潤滑，異響消失，說明故障並不嚴重。

離合器的維修保養週期

○ 離合器故障現象及其起因

　　當你駕駛自己的汽車時，一定對汽車在各種排檔下發生的聲響和震動感十分熟悉，並不以爲然地認爲正常，然而一旦感覺發生變化，可能已發生了某種故障。這時你應當弄清現在用的是什麼排檔？發生故障時的車速是多少？噪音的大小如何？如果換一下排檔，故障是否消失？

　　發生在離合器及傳動機構中的大多數故障，通常需要拆檢維修(參見表2-3)。

表2-3　離合器故障的原因

故障現象	故　　障　　的　　起　　因
離合器噪聲過大	①踏板踩到最低位置時，可聽見釋放軸承的明顯噪聲，通常是因： ・離合器"咬住"。 ・踏板的自由行程過小。 ・軸承缺油。 ②當踏板開始壓下50.8mm的距離以內、或常離合器分、或在換排檔時，損壞了的釋放軸承會發出尖叫聲，這時必須更換軸承。 ③離合機構發出的"咔嗒"聲，若能從踏板抬起或踩下的過程中聽到或感覺到的話，說明需要加注潤滑脂或潤滑油。 ④引擎噪聲經由離合器箱體擴大了，在車廂中可在聽到。這通常發生在踏板自由行程不足之時，可以調整離合器踏板操縱機構解決。
離合器打滑	該故障在汽車停止後起步時最為明顯。有一種嚴格的測試方法可證明是否"打滑"：起動引擎，使用煞車，變速箱置於高速排檔，慢慢地鬆開離合器踏板。如果離合器正常，將會"迫使"引擎熄火；如果打滑，原因可能： ・壓板或離合器片磨損。 ・離合器片油污嚴重。 ・踏板自由行程不足。
離合器拖行或不分離	離合器壓板和一些傳動齒輪在離合器分離後還暫時旋轉，在正常情況和日常氣溫條件下，暫時旋轉的時間頂多不得超過三秒，這是離合器分離不徹底所致，其原因是： ・傳動機構潤滑油太稀或油面太低。 ・離合器機件調整不當。
離合器壽命短	壽命下降通常發生於缺乏良好的駕駛習慣或用於超負荷的場合過多，導致離合器壽命短的原因是： ・離合器拖行。 ・車輛拖載過重。 ・開著汽車上台階。 ・將離合器當作煞車用。 ・操作時猛抬踏板等。

○圖解離合器保養週期(圖2-11)

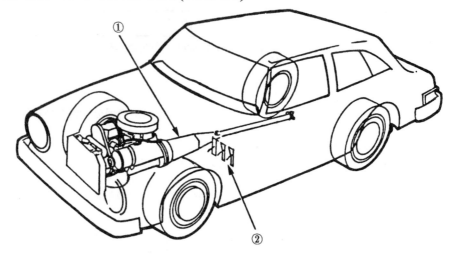

①檢查潤滑油平面＊　　　　每5000km或3個月
　換機油＊　　　　　　　　每40000km或2年
②檢查離合器踏板自由行程　每10000km或6個月
＊說明：假如車輛經過劇烈的使用(拖拉、駕駛時
　　　　經常起動與停止等)，保養周期應縮短一半。

圖2-11　汽車離合器的保養週期

□變速箱的各種故障

變速箱是由大小不同的齒輪嚙合，以變換引擎扭矩、車速等及使汽車倒向行駛的一種機構。變速箱一般不需要駕駛員進行什麼保養，只需對其潤滑油檢查或更換，並潤滑變速箱滑動機件。如果其內部有了故障，駕駛員無法排除，應送修理廠將變速箱拆開徹底檢查。

手動變速箱損壞的原因

儘管現代汽車變速箱有了很多改善，但是，由於駕駛員技術不熟練、不適時機換檔、急劇地換入低速排檔，或在離合器半離合狀態便"毛躁"換檔等不依規範操作，均是手動變速箱損壞的原因。

○故障特徵

換檔困難：這種情況反映在行駛操作中，駕駛員感到操縱桿很沉。一般有兩種原因，可能潤滑油黏度或油平面不合要求，也可能離合器需要調整或潤滑。

跳檔：在加速或減速時出現比故障，有可能是操縱連接桿彎曲、鎖球磨損或鎖球彈簧折斷等原因所致。

變速箱換檔後發響：這類故障大多需要技術工人檢修，原因包括潤滑油不足；齒輪已過度磨損；軸承磨損；同步器損壞；輪齒破碎等等。

空檔時發出噪音：引擎急速運轉，腳未離開離合器踏板時變速箱發出噪音，則說明是潤滑油不足、輸入軸軸承磨損和損壞、齒輪磨損(軸向游隙過大)等原因所致。

變速箱漏油：要找到漏油部位，可在前一夜用張乾淨報紙舖在機構下面查出。其原因多為油平面過高、變速箱裂縫、螺釘鬆動或失落、放油塞或加油塞鬆動或失落、通氣孔堵塞等等。

變速箱的潤滑油檢查

無論是手動式變速箱還是自動變速器，若變速器潤滑油供給中斷，或汽車在變速箱嚴重缺油的條件下行駛，變速箱中的齒輪和軸承會遭受損壞，甚至整個變速箱可能報廢。

檢查和潤滑油的更換，按下述方法進行。

○故障快速排除

(1)　先檢視變速箱是否有嚴重的滲漏部位，如果沒有，再作下一步的檢查：把汽車停放在平坦路面上，旋下變速箱潤滑油檢查孔塞(有些車型同時又是注油孔部)，把測油尺或手指伸入孔內，拔出，若潤滑油浸在油尺規定刻度範圍內或手指感覺油平面剛好在油口下，說明油量合格。注意：檢查手動變速箱油位時不要起動引擎(圖2-12、圖2-13)。

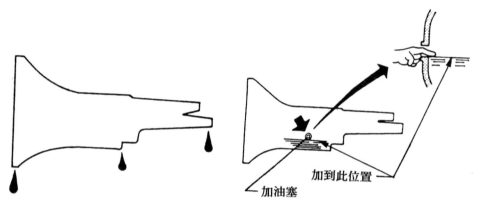

圖2-12　檢視變速箱是否漏油　　　　　圖2-13　卸下油塞檢視油位(油量)

(2) 自動變速箱的潤滑油檢查和更換方法，與非自動操縱式變速箱有所不同。其方法是：把車停放在平坦場地，並將變速箱操縱桿置於停車檔(P檔域)位置，引擎怠速運轉10min左右，使變速箱油熱起。然後把變速箱操縱桿由P檔域換到D檔域(前進檔)位置，再換回P檔域。

拔出油尺用乾淨布擦拭淨油尺上的機油重新插入，再取出以檢查油平面是否浸到油尺的"熱"界範圍(HOT)(圖2-14)。

檢查油液的正確方法是，在測定油液平面的同時，首先應使用溫度計測得油液的溫度，如果油溫在70～80℃時，油尺上的油跡應在"HOT"範圍內；如果油溫在20～30℃時，油跡應在"COLD"範圍，說明油量足夠。

檢查時還須注意，油尺一定要擦拭得乾乾淨淨，不得使髒物等雜質隨油尺混入油內。因自動變速箱機構中有許多油道和小孔，這些油道和小孔都非常重要，以免堵塞而失去作用。

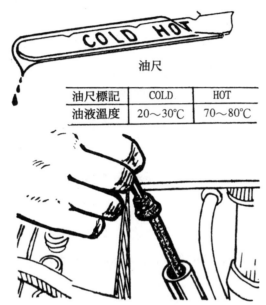

油尺

油尺標記	COLD	HOT
油液溫度	20～30℃	70～80℃

要領：把乾淨的油尺插入后取出，檢視油平面是否在合格範圍內，同時檢查油液的髒污程度。

圖2-14　機油檢視方法

(3) 新車第一次更換變速箱油，可在行駛1000km後進行；第二次按照規定應行駛4000km後進行，但是由於機油過髒或漏油造成油量不足時，可不受此規定約束。

更換自動變速箱油時的注意事項：

① 注油不得過量，否則會造成自動變速機構內產生異常油壓，招致各密封件的早期損壞。

② 許多汽車的油尺上標注有變速箱用油的型號，不要混合使用不同

型號的機油。

③　檢查油液平面

檢查油液狀況(顏色和氣味) ⎭ 每10000km或半年一次

④　換油

換過濾器或清潔濾芯 ⎭ 每38000km或兩年一次

如果車輛用於條件十分惡劣的場合(拖拉重物、經常起動、停止、越野行車等)，③、④之保養週期減半。

⑤　檢查油平面時，車輛一定要放平，引擎保持運轉，自動變速箱油應保持正常工作溫度假如汽車拖重或長途行駛後，則要等過半小時才可進行檢查。

⑥　有些汽車的油尺上有三條油面標線(例如通用公司汽車)。如果油液在室溫以下，則油平面應在ADD(加油)之下1/8～3/8in(3.175～9.525mm)處，標記是兩條波紋線；如果油液溫熱，油平面應接近ADD標記(稍高或稍低)；如果油液有些燙手，油平面應在ADD與FULL(滿)之間。

變速箱油液外觀反映的情況

當檢查油平面或更換油液時，要注意油液的狀況。在手指上沾上少許油液，用手指與手指互相搓捻感覺一下是否有渣粒存在，並嗅一嗅油尺上油液的氣味(圖2-15)。

如果油液非常黑或有燒焦氣味或者有摩擦物質(見表2-4所述)，應檢查自動變速箱的工作情況。

檢查液體有無污染　　　　　檢查液體的氣味

圖2-15　檢查自動變速箱的油液

表2-4　變速箱油液外觀反映的情況

油　液　外　觀	反　映　的　情　況　與　問　題
清澈帶紅色	・正常。
已變色 (極深的暗紅或褐色)	・制動帶或離合器總成損壞，通常由於變速箱過熱。在動力不足的情況下超載，或很少換油，經常導致過熱。但不要混淆以下情況：有些較新的油顏色呈暗紅並有較重的氣味。
泡沫或多氣泡 (顏色清淡)	・油平面太高 (油被齒輪組攪動)。 ・內部空氣洩漏 (空氣與油液相混合而產生)，請專業技工檢查變速箱。
油液中有固體殘渣	・制動帶、離合器總成或軸承有缺陷。制動帶材料或金屬磨蝕的碎粒被黏在油尺上，請專業技工檢查變速箱。
似油膏覆蓋在油尺上	・變速器過熱。

變速箱的維修保養週期

○變速箱故障現象及其起因

　　對變速箱進行一些預防性的保養，能夠防止由於正常磨損而引起更多的耗費。

表2-5　變速箱的故障原因

故　障　現　象	故　障　的　起　因
變速箱換檔困難	・潤滑油黏度或油平面不合要求。 ・離合機構需調整或潤滑。
變速箱漏油	・油平面過高。 ・變速箱開裂。 ・螺絲鬆動或失落。 ・放油塞或加油塞鬆脫。 ・通汽孔堵塞。
變速箱在空檔時發出噪聲	・潤滑油不足或潤滑不正確。 ・齒輪磨損(軸向游隙過大)。 ・軸承或輪齒磨損。
變速箱在傳動中發出噪聲	・潤滑油不足。 ・齒輪已過度磨損。 ・軸承磨損。 ・同步器損壞。 ・輪齒破碎。

○圖解變速箱保養週期(圖2-16)

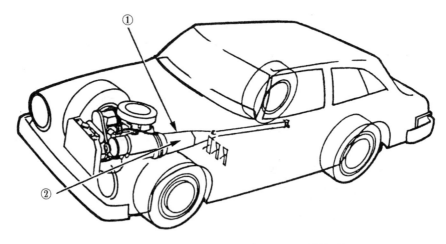

①檢查潤滑油平面*　　　　　每 5000km或3個月
　換機油*　　　　　　　　　每40000km或2年
②潤滑變速機構　　　　　　　每10000km或0

　*說明：同離合器的保養週期要求一樣，如果超過強
　　　　　負荷使用，保養週期應縮短一年。
　　　　圖2-16　汽車變速箱的保養週期

❏變速箱操縱機構常見故障快速排除

　　按照變速箱在汽車上布置的部位及其與駕駛員座位之間的距離遠近之不同，變速箱操縱機構的布置和結構各有差異。作為強制操縱式的變速箱操縱機構有兩種典型的布置型式，即近距離操縱機構和遠距離操縱機構。

手動變速箱操縱機構的多發病徵

◯故障特徵

　　遠距離式手動變速箱操縱機構的變速排檔桿，有兩種安裝方式，一種是安裝於轉向機柱管旁側，另一種是安裝在駕駛室靠近駕駛員的地板上，兩者均通過一系列中間連桿控制換檔叉實現排檔選擇的。

　　地板上換檔機構雖然構造簡單，但是當扳動排檔桿推動換檔叉前移或後移的距離不足或過大時，滑動齒輪(或接合器、同步器的接合套)與相應的齒輪輪齒(或相應花鍵齒)將不能在全齒寬上嚙合而嚴重影響輪齒的工作壽命。即使達到全齒寬嚙合，也常會因為汽車行駛中的強烈震動等原因，致使滑動齒輪或接合套產生軸向位移而減少變速齒輪的嚙合寬度，甚至嚙合完全脫落(俗稱為自行脫檔)。通常，轉向柱側安裝變速控制桿操縱機構很少出現此類故障。(圖2-17、圖2-18)

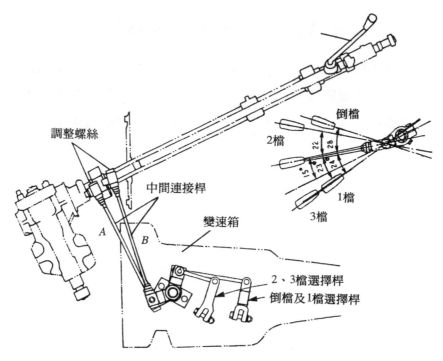

圖2-17　轉向柱側裝變速排檔桿操縱機構簡圖(遠距離控制式)

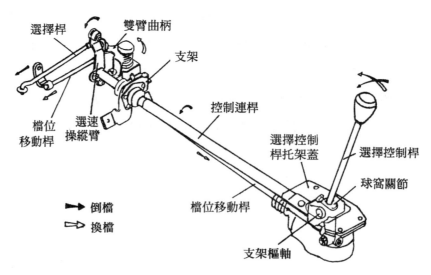

圖2-18　地板上裝排檔選擇機構簡圖(遠距離控制式)

○故障原因

　　變速箱換檔困難的一般原因通常是操縱機構不良或變速箱內部有故障所致。換檔時排檔桿沉重、換不上檔又往往與潤滑油黏度不符合要求、離合器分離不良等原因有關，所以應檢查潤滑油是否符合要求，檢查離合器是否正常，若確診離合器等狀況良好，再繼續檢查變速箱操縱機構。

一、變速箱排檔桿安裝在轉向柱側的遠距離操縱
　　機構

○故障快速排除

(1)　打開引擎蓋，由助手操縱變速箱檔位選擇排檔桿，檢視操縱機構的運動情況和各連接部位的螺絲是否鬆動。

(2)　換檔時，若助手告知排檔桿沉重並伴有操作異響，很可能是操縱機構運動部件缺油，如是，應及時添加滑油(脂)。

(3)　按照(2)檢查後，如果"病情"仍無好轉，說明操縱機構有"重症"，再按照以下步驟"醫治"。

(4)　以轉向機柱管側裝變速排檔桿操縱機構為例，首先，把排檔桿置於空檔位置上，鬆開樞軸鎖緊螺帽，然後將排檔桿與下支架的定位部對正。按照一定扭力再旋緊樞軸鎖緊螺帽(圖2-19)。

　　調整說明：調整之前應先檢查變速箱排檔桿下支架中央的中立突起和控制桿的對合槽是否相吻。正常狀況應是排檔桿處於空檔時，下支架中立突起和槽應在一條直線上。如果槽位不正，應旋鬆樞軸方向控制桿的鎖緊螺帽。然後再旋鬆球窩關節部的鎖緊螺帽，使換檔控制桿鬆動，

而後轉動此桿，將突起與槽調到前面講的"一條直線上"，再旋緊樞軸與
球窩頭關節部的螺帽即可(參見圖2-19、圖2-20)。

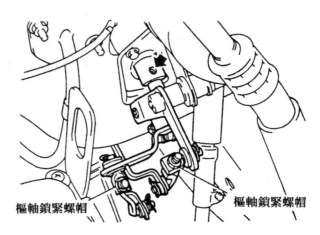

樞軸鎖緊螺帽　　　　　　　　　樞軸鎖緊螺帽

圖2-19　手動變速箱換檔操縱機構的調整

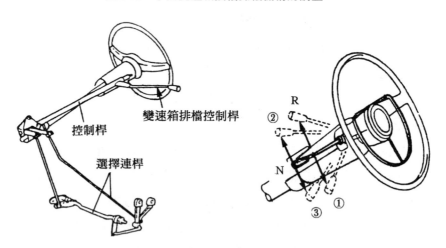

控制桿

變速箱排檔控制桿

選擇連桿

R

N

②　①　③

圖2-20　遠距離操縱式變速機構分解

二、變速箱排檔選擇控制桿安裝在地板上的遠
　　距離操縱機構

　　將變速箱排檔桿換了3檔或最高檔，手不扶在變速器換檔控桿的手球上，汽車以30～40km/h車速行駛。稍抬起油門踏板，再迅速踩下油門踏板加速行駛。此時，若變速箱排檔桿可退到空檔位置，則說明操縱機構正常。

　　但是，當遠距離操縱機構中有"毛病"時，上述所進行的試驗是無法成功的，須對機構予以調整。

○故障快速排除

(1)　　將排檔桿置於空檔位置。

(2)　　如圖2-21所示，旋鬆調整螺帽①和②，將下支架和變速箱檔位選擇排檔桿轂的間隙調到5～7mm(圖中C)，而後旋鬆調螺帽②，用螺帽①鎖牢。

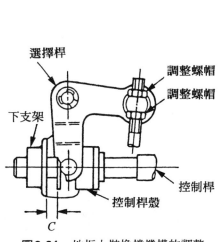

圖2-21　地板上裝換檔機構的調整

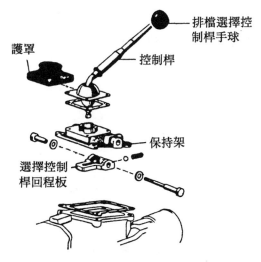

圖2-22　變速箱換檔操縱機構安裝部

⑶　變速箱換檔控制桿鬆曠，多數原因是桿的球窩關節磨損、彈簧失效、銷子磨損及球座槽裕量過大所致。這種情況必須更換零件(圖2-22)。

○換檔操作注意事項

行車中，駕駛員操縱排檔桿時，一定要注意將桿推到位、扳到位。當排檔桿推動換檔叉前移或後移的距離不足時，不正常的接合元件的軸向位移會引起滑動齒輪與相對應的齒輪將不能在全齒寬上嚙合，甚至完全脫離嚙合，這就是常說的"自行脫檔"。

自動變速箱操縱機構的"常見病"

自動變速箱操縱機構有故障，靠簡單的調整而得以排除的實例很少，而因為錯誤調整反而招致故障嚴重的情況卻很多。對車主來講，此類故障檢查與檢查變速箱油可大不一樣，後者沒有問題，前者則建議將車送到專修廠修理。

對於自動變速箱操縱機構的一般故障判斷，作為駕駛員掌握一些概念很有必要，判斷確有故障，立即送修為時不晚。圖2-23是自動變速箱操縱機構簡圖(圖2-23)。

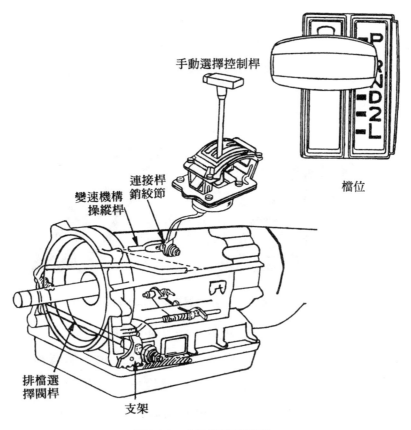

手動選擇控制桿

連接桿
銷絞節

變速機構
操縱桿

檔位

排檔選
擇閥桿

支架

圖2-23　自動變速箱操縱

自動變速箱故障確診

(1)　當手控檔位選擇查處於各排檔(P、R、N、D、2、L)正確位置時，
　　檢視指示器的指針是否準確地指在各自相應排檔上(圖2-24)。

(2)　接下閉鎖按鈕，由某一檔位推入下一檔位。此時，檔位變換應當順
　　利，同時能聽到"咔"的一聲。

(3)　引擎怠速運轉，將變速箱手控選擇桿由排檔N換入D時，汽車會產
　　生"後坐"，這是正常的。

檔位

圖2-24　自動變速箱排檔指示器簡圖

　　如果以上在操作過程中有異常，應立即送修。

　　近年來，進口汽車中不少車輛裝有自動變速箱，儘管排檔順序不太一樣，但操縱、控制原理大體上相同。操縱方法也和使用普通變速箱一樣。當引擎運轉時(或行駛中)，將變速箱排檔桿換入其檔位。

　　日本豐田皇冠(CROWN)是常見的一種裝有自動變速箱的車型，以該車說明自動變速箱的排檔及其控制方法。

排檔位置標記

P ⇄ R ⇄ N ⇄ D ⇄ 2 ⇄ L

字母的含義

　　P——停車檔。汽車停駛駐車時，變速檔位排檔桿置於此位，引擎可以運轉。

R——倒車檔。換入倒車檔或由倒車檔退出時，汽車必須停駛。

N——空檔。由空檔可以換其它任何檔位。變速檔位排檔桿位於此檔時，引擎可以運轉。

D——前進檔。是行駛時的檔位。

2——第二檔。在此檔，可以充分利用引擎作為輕微的煞車作用。

L——低速檔。在此檔，可充分利用引擎作為煞車作用。

箭頭的含義

———➤　　可直接從某一檔換入另一檔，無需特殊操作。

----➤　　需按下閉鎖按鈕後，方可由這一檔位換入下一檔位。

車輛行駛中，只要將手控選擇桿置於D位置，傳動機構即可自動根據引擎轉速換檔。若需要加速行駛，只要踩下油門踏板即可。若需要減速，可將排檔桿置於L位，利用引擎煞車起到減速作用。

行駛中，絕對不要把檔位選擇控制桿置於P位。起動引擎之前，選擇控制桿應置於N或P位。

自動變速箱的維修保養週期

○自動變速箱故障現象及其起因

對自動變速箱適當加以維修保養，可大大延長無故障行駛里程。前面已經講過，許多小病徵可以從油平面的情況顯示出來。對自動變速箱的運轉情況變化(如有無異樣、異響、漏油等)時常保持警覺，可以預防由小病徵而釀成大事故。如果故障問題無法從螺釘、油平面、過熱或過濾器阻塞等查出，則需請專業修理工檢修。

表2-6 自動變速箱故障現象、原由及解決方法

故　　　　障	產　生　原　因	解　決　方　法
漏油	・油盤密封墊破損。 ・注油管鬆脫。 ・變速箱與延伸箱體鬆脫。 ・轉矩變換器殼部有洩漏。	・換墊片或底盤螺絲。 ・旋緊管接頭螺帽。 ・旋緊螺絲。 ・請專業技工檢查。
油液溢出注油管	・油平面過高。 ・排氣孔堵塞。 ・濾油器或濾網堵塞。 ・內部油液洩漏。	・保持適當油平面。 ・打開排氣孔。 ・換過濾器或清洗濾網(同時也要換油)。 ・請專業技工檢查。
變速箱過熱(通常伴隨油的燒焦味)	・油平面過低。 ・油液冷卻管堵塞。 ・超載而冷卻不足。 ・油泵缺陷,內部打滑。	・加油到位。 ・排出舊油灌注新油,如果不能見效,則把冷卻管路清洗裝回。 ・安裝變速箱油冷卻器。 ・請專業技工檢查。
有"嗡"或"嘶、嘶"的噪聲	・油平面過低。 ・真空連接控制機構故障;離合器或制動帶損壞。	・加油到位。 ・請專業技工對部件進行檢查。
無前進檔或倒檔,一個或多個齒輪打滑	・油平面過低。 ・真空連接控制機構故障;離合器或制動帶損壞。	・加油到位。 ・請專業技工對零件進行檢查。
變速遲鈍或變錯排檔	・油平面過低。 ・真空管路破損。 ・內部功能惡化。	・保持適當油平面。 ・修理或更換管路。 ・請專業技工檢查。

○圖解自動變速箱保養週期

　　為了保證自動變速箱儘可能少出故障,應進行如圖所示的週期保養(圖2-25)。

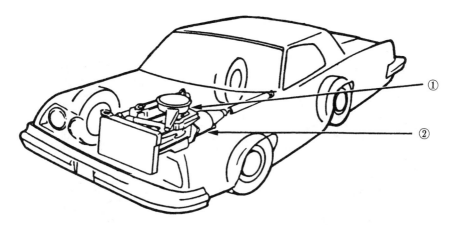

①檢查油液平面*　　　　　　每10000km或2年一次
　檢查油液狀況*(色、氣味)
②換油*　　　　　　　　　　每40000km或2年一次
　換過濾器或清潔濾網*
　*說明：如果車輛用於條件惡劣的場合，其保養週期應減半
　　　　　(如重載、頻繁起動、停止、越野行車等)。

圖2-25　圖解汽車自動變速箱保養週期

☐從傳動軸到驅動車軸的常見故障快速排除

　　傳動軸是一根將變速箱輸出轉矩傳遞到驅動車軸的空心鋼管。其前後兩端設有萬向接頭裝置(圖2-26)。

　　傳動軸承受引擎不斷變化的轉矩同時高速旋轉，並把此轉矩(動力)傳遞到前輪或後輪，在此之前，必須將傳動軸的縱向旋轉改變爲橫向旋轉，即旋轉軸線改變90°，這一作用是靠差速器完成。

　　傳動軸和差速器有了故障，與變速箱一樣，車主除可進行如機油檢查一類簡單作業外，其他均應屬於專業維修的內容。如果發生特別異常現象而不馬上送修繼續行駛的話，會招致惡性車禍。

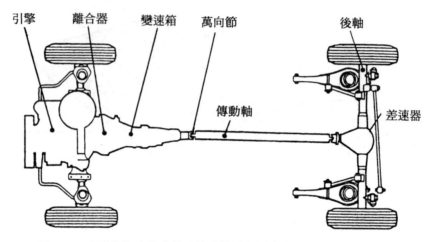

引擎　離合器　變速箱　萬向節　後軸

傳動軸　差速器

圖2-26　常見的汽車傳動軸及傳動裝置布置方案(前置引擎後驅動型)

傳動軸的震動

○故障特徵

　　汽車經常在山區等地方行駛或發生撞車事故，由於顛簸和衝擊，傳動軸軸管常會遭受較大的彎曲損傷，破壞了傳動軸總成的平衡，結果影響傳動軸的正常工作，繼續行駛會產生響聲、抖震等故障。萬向節軸承座孔磨損或損壞，也會有同樣的故障現象。

○故障檢查*

　　如果車在高速行駛中發生震動，首先檢查傳動軸的徑向跳動(圖2-27)。

(1)　用專用設備頂起後輪。

(2)　通過用手轉動差速器連接凸緣，按照表例所示的點及所用車輛的《維修手冊》要求，測量傳動軸的徑向跳動(圖2-28)。

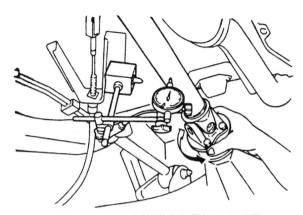

圖2-27　用千分錶檢查傳動軸徑向跳動

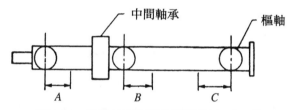

圖2-28　傳動軸徑向跳動測量點(*A*、*B*、*C*)

表2-7　日產桂冠(NISSAN LAUREL)汽車例(mm)

距離 ＼ 型號	CA20S，LD28A/T，L24S，L24E	VG30S	LD28M/T
A	155	162	175
B	165	172	165
C	185	192	185

(3)　如果徑向跳動超過規定值，在差速器連接凸緣處拆下傳動軸，並將連接凸緣旋轉180°後再將傳動軸接上(圖2-29)。

(4)　再次檢查徑向跳動。如果徑向跳動仍然超過規定值，則須更換傳動軸總成。

(5)　外觀檢查：檢查傳動軸管表面有無凹坑或裂紋，如有損壞，更換傳動軸總成。如果中間軸承有噪音或損壞，更換中間軸承。

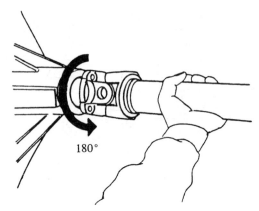

圖2-29　將傳動軸連接凸緣旋轉180°

傳動軸的異響

　　起步時，傳動軸發出"咔啦、咔啦"的撞擊聲，多數原因是傳動軸中間支承總成部位的緊固螺栓鬆動或萬向節十字軸及滾針磨損鬆動所致。此外，最終傳動(final drive)的減速小齒輪與大齒輪之嚙合間隙過大等，也是傳動軸發生異響的原因。

○故障快速排除

⑴　在凸緣盤上打上配對標記，將傳動軸從差速器上拆下(圖2-30)。

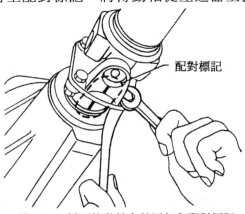

配對標記

圖2-30　拆下傳動軸之前要打印配對標記

(2)　從另一端變速箱上抽出傳動軸，然後用一堵塞堵在變速箱後加長殼
　　　體的後端(圖2-31)。

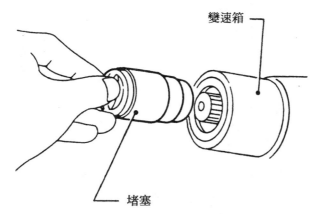

變速箱

堵塞

圖**2-31**　堵上變速箱後加長殼體的後端

(3)　檢查傳動軸的徑向跳動。如果徑向跳動值超過自車《維修手冊》所
　　　規定的極限，則應更換傳動軸總成(圖2-32)。

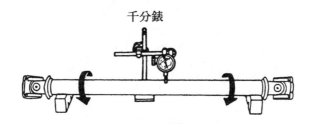

千分錶

圖**2-32**　檢查傳動軸的徑向跳動

(4)　檢查樞軸的軸向間隙。如果游隙超過你所駕車的《維修手冊》規定
　　　數值，則應更換傳動軸總成(圖2-33)。

(5)　解體中間軸承時，應先在凸緣盤上打上配對記號，然後再把第二管
　　　從第一管上拆開(圖2-34)。

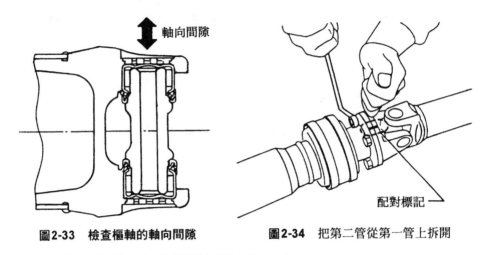

圖2-33　檢查樞軸的軸向間隙　　　圖2-34　把第二管從第一管上拆開

⑹　在凸緣盤和軸上打上配對標記(圖2-35)。

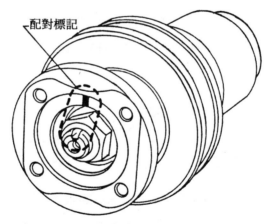

圖2-35　再打印一次配對標記

⑺　用工具拆下鎖緊螺帽，再用拆卸工具拆下連接凸緣，進一步用專用
　　工具和壓力機拆下中央軸承(圖2-36、圖2-37、圖2-38)。

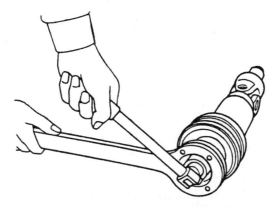

圖2-36　鬆開鎖緊螺帽

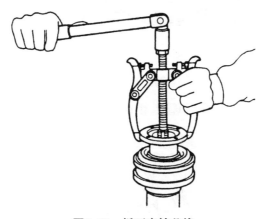

圖2-37　拆下車接凸緣

壓力機—

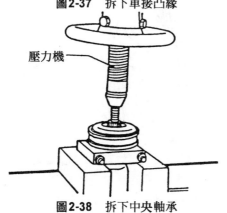

圖2-38　拆下中央軸承

⑻　安裝中央軸承時，使其上的"下"標記朝向車輛的前方，再把含有二
　　硫化鉬的多用途鋰基潤滑脂塗在中央軸承的端面和墊圈的兩側(圖
　　2-39)。

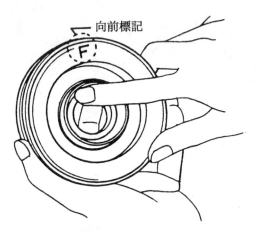

圖2-39　注意標記朝向

⑼　用新的墊圈邊來鎖緊螺帽，組裝管子時，要對準對正配對標記(圖
　　2-40)。

圖2-40　用墊圈卷邊鎖緊螺帽

驅動車軸的異響

○故障特徵

驅動車軸發生故障常從不正常的異響提醒我們。汽車停駛時，驅動車軸不工作，自然無法察覺異響所在，而行駛起來，由於各種部件噪音混雜在一起，又很難分清究竟是不是驅動車軸方面的異響。

爲此，經驗豐富的駕駛員和修理工認爲，首先須決斷什麼時候這類異響最明顯。

傳動噪音——產生於汽車加速時。

滑行噪音——產生於汽車滑行、油門關閉的時候。

輕飄噪音——汽車在水平路面上勻速行駛時產生。

其次，進行一次徹底的檢查，肯定是來自驅動車軸而不是車輛的其它部位。

○故障原因

汽車行駛中，從車後發生異響的主要原因，是最終傳動(final drive)的減速小齒輪和大齒輪磨損嚴重或調整不良，從而造成嚙合不良(齒隙過大)、差速器中行星齒輪(spider bevel gear)和平軸齒輪(axle end gear)磨損鬆動、差速器潤滑油不足。

○故障快速排除

(1) 汽車在行駛途中，車輪軋在磚頭或不平的水泥路面發出的噪音，聽起來似乎來自驅動車軸。正常行駛或滑行時，路面噪音往往是可以鑑別出的。在不同路面上試運行，馬上可以辨明清楚是否路面問題。

⑵　輪胎噪音經常被誤認爲是驅動車軸方面的問題。胎面花紋上黏有石塊或磨損不勻的舊胎產生的顫動聲，聽起來好像由其它部份引起。輪胎暫時充氣到2.8MPa(28.6kgf/cm²)時，輪胎方面的噪音明顯改變，但驅動車軸方面的噪音依然如故(速度低於47km/h時，噪音消失)。

⑶　來自引擎或變速箱的噪音，也常常讓人誤會爲是驅動車軸方面發出的噪音。爲此，確診時，首先決定在什麼速度下噪音最大，然後把汽車停在一安靜處，將變速桿撥到空檔，起動引擎使其轉速與在路上行駛時的速度一致(即聽到噪音發出時的速度)，汽車靜止時，噪音仍然產生，說明的確來源於引擎或變速箱。

⑷　穩定汽車的速度，輕踩煞車踏板，常會減少軸承的噪音，因爲軸承此時減輕了一些負荷。故煞車前聽到的是前軸承噪音。

⑸　排除了上述可能的噪音來源之後，可大大縮小噪音的懷疑範圍，並歸結到驅動車軸。它一般從最終傳動、差速器磨損了的齒輪或軸承中產生噪音。齒輪噪音在速度升高不大時就已很響，而軸承的噪音常隨引擎轉速的升降而改變。

傳動軸和驅動車軸的維修保養週期

○ 傳動軸和驅動車軸故障現象及其起因

當傳動軸部位發出異常震動或噪音時，表2-8有助於你判斷可能原因。記位，其它的部件，如車輪、車胎、懸吊等件也能產生類似的情況，要摸索加以區別。

表2-8　傳動軸和驅動車軸故障現象原因及其解決方法

故　障　現　象	產　生　原　因	解　決　方　法
當車輛由停止或低速狀態加速時產生震動	・萬向節鬆動。 ・中央軸承損壞。	・旋緊或換新。 ・換新。
換檔時傳動軸部有很響的金屬敲擊聲	・萬向節磨損。	・換新。
在任何車速下，均能聽見噪音和感覺震動	・傳動軸失衡。 ・萬向節磨損。 ・萬向節夾緊螺栓鬆動。	・檢修傳動軸。 ・檢修或換新。 ・旋緊萬向節夾緊螺栓。
低速時產生短促刺耳聲	・萬向節嚴動缺油。	・潤滑，如果不行，須檢修。
敲擊聲和卡嗒聲	・萬向節或傳動軸碰車架。 ・等速聯軸節磨損。	・減輕負荷。 ・更換。

噪音診斷十法

噪　音　的　現　象	最　可　能　產　生　於
・行駛和滑行時相同。 ・因路面不同而不同。 ・車速降低噪聲變小。 ・停車和行駛中噪聲相似。 ・震動時有噪聲。 ・輪胎每轉兩次敲打和"卡嗒"一聲。 ・有節奏地響。 ・從低速時開始出現穩定而低調的"呼呼"響或擦響。 ・有節奏地"吱吱"震動聲。 ・只在行駛、滑行或下坡情況下。	・路面、輪胎或前輪軸承。 ・路面或輪胎。 ・車胎。 ・引擎或變速箱。 ・輪胎不平衡，後輪軸承或傳動軸不平衡，或萬向節磨損。 ・後輪軸承。 ・差速器齒輪損壞。 ・小齒輪軸承磨損或損壞。 ・錯用差速器潤滑油和離合器片磨損。 ・大齒輪和(或)小齒輪磨損。

○圖解傳動軸和差速器保養週期

　　只要您認真按照規定週期對自己的車輛維修保養，則傳動軸和差速器將能為你的安全運輸發揮功能，也為你減少許多不必要的麻煩。

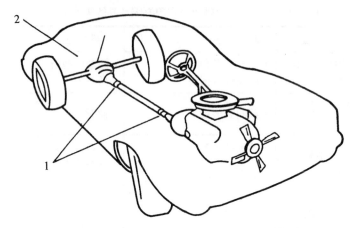

1－潤滑萬向節　　　　　　　　每10000km或6個月
2－檢查差速器潤滑油平面*　　每10000km或6個月
3－更換差速器潤滑油*　　　　每3800km或2年
*說明：如果汽車用於劇烈的運輸（拉重貨、頻繁地開
　　　　停或越野行駛），則應將維修保養周期縮短一半。

圖2-41　圖解汽車傳動軸和差速器的保養週期

❑轉向機構常見故障快速排除

先概括地介紹一下目前汽車上常見的轉向機構類型與裝置：

圖解手動轉向與動力轉向的概念

手動轉向型式(圖2-42)

在循環球式轉向裝置中，轉向輸入軸端是一蝸桿，製造時，加工成一個連續的嵌有鋼珠的螺旋槽。在方向盤轉動時，螺旋槽中的滾珠軸承

套總成便順蝸桿上下運動。

　　由於蝸桿軸與轉向柱軸是直接耦合在一起的，轉動方向盤時蝸桿軸也朝同方向運動。這個動作使鋼珠筒總成沿其長度方向運動。鋼珠在右轉彎時沿一個方向循環運動，而當左轉彎時，則沿另一方向循環運動。滾珠軸承套總成上的齒和扇形輪軸上的齒相嚙合，使扇形輪軸帶動轉向臂(pitman arm)。這樣便使方向盤的轉動力變為比較慢的、但扭力卻比較大的扭轉力來轉動轉向臂。接著轉向臂又通過轉向機構使前輪按需要改變汽車的運行方向轉動(參閱圖2-43(a))。

　　齒條齒輪式轉向裝置的設計採用轉向機構通過一個撓性聯軸節和轉向柱軸相連接。這個類似於普通差速器中的小齒輪與齒條相嚙合。齒條裝在拉桿和轉向機構之間的轉向齒輪箱中。當轉動方向盤時，齒輪驅使齒條從一邊向另一邊滑動並將運動力傳遞給前輪。該轉向機構無轉向臂，因而更直接，轉向更準確(參閱圖2-43(b))。

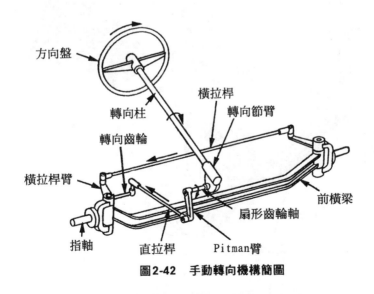

圖2-42　手動轉向機構簡圖

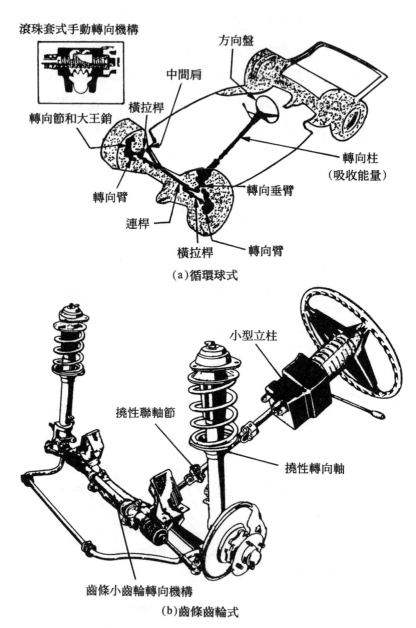

滾珠套式手動轉向機構

方向盤

中間肩

橫拉桿

轉向節和大王銷

轉向柱
（吸收能量）

轉向臂

轉向垂臂

連桿

橫拉桿   轉向臂

(a)循環球式

小型立柱

撓性聯軸節

撓性轉向軸

齒條小齒輪轉向機構

(b)齒條齒輪式

圖2-43   兩種典型的汽車轉向機構

動力轉向型式(圖2-42)

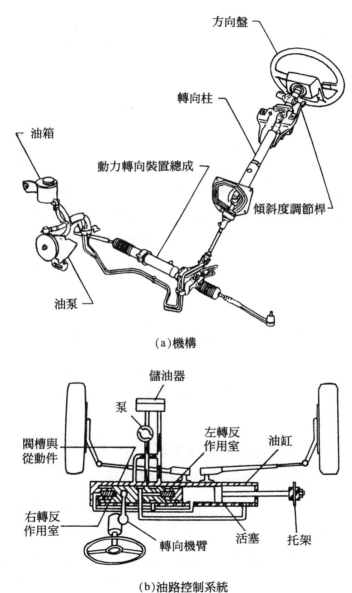

方向盤

轉向柱

油箱

動力轉向裝置總成

傾斜度調節桿

油泵

(a)機構

儲油器

泵

左轉反作用室

油缸

閥槽與從動件

右轉反作用室

轉向機臂

活塞

托架

(b)油路控制系統

圖2-44　動力轉向機構簡圖

　　動力轉向機構是由機械轉向機構和一個輔助裝置組合而成的。轉動方向盤，撓性聯軸節帶動蝸桿軸旋轉，從而迫使齒條式活塞於液壓油缸中上下滑動，進而又由輸出軸上的扇齒轉為旋轉力。油缸中的齒條式活塞被迫上下運動是靠蝸桿軸的作用而動作的。輔助動力是利用油缸中的液壓油壓入油缸內的齒條式活塞的一邊或另一邊來實現力的作用的。

轉向機構故障通過方向盤的感受

○故障特徵

　　轉向機構出了故障，駕駛員首先可通過方向盤感受到。轉向不靈，汽車的機動性相應降低，常常造成駕駛員過度緊張而影響行車安全。

　　除撞車事故以外，方向盤不會有什麼特別嚴重的故障，但是，若轉向系統各部有鬆脫、磨損和漏油等不良情況時，卻是很麻煩的事。

○故障原因

　　從方向盤到轉向輪(前輪)的整套機構，是靠螺栓、螺帽、齒輪等諸零件連接起來的，若這些零件出現意外鬆動，會由方向盤的自由轉動量增大反映出來。因此，檢查方向盤自由轉動量，就是檢查轉向機構和前懸吊是否正常的近似方法。

　　值得提醒的是，對新車和舊車來說，方向盤的自由轉動量都有一定的技術規定數據(靠轉向器和傳動機構中的裝配間隙保證)，如果方向盤無自由轉動量，稍稍轉一下方向盤，轉向輪會立即隨之偏轉，因此行駛中汽車很容易失控，十分危險。

　　轉向機構及其檢查部位和方向盤自由轉動量的檢要點參見圖2-45、圖2-46。

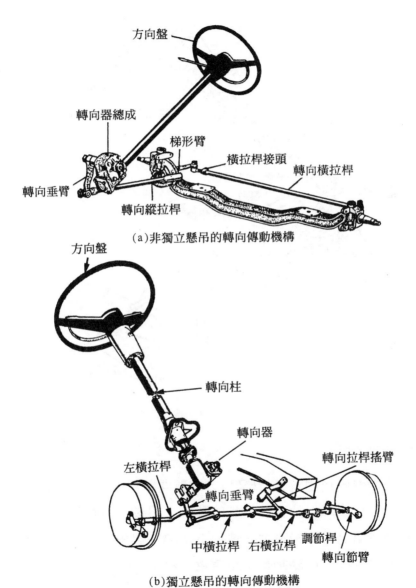

（a）非獨立懸吊的轉向傳動機構

（b）獨立懸吊的轉向傳動機構

圖2-45　兩種型式的轉向傳動機構

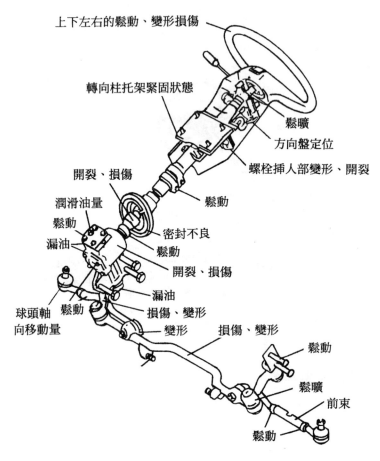

上下左右的鬆動、變形損傷

轉向柱托架緊固狀態

鬆曠

方向盤定位

螺栓挿人部變形、開裂

開裂、損傷

潤滑油量

鬆動

漏油

鬆動

密封不良

鬆動

開裂、損傷

漏油

球頭軸向移動量

鬆動

損傷、變形

變形

損傷、變形

鬆動

鬆曠

前束

鬆動

圖2-46　轉向機械的檢查部位

○故障快速排除

(1)　檢查方向盤的自由轉動量(又稱方向盤間隙)

　　把前輪置於汽車保持直前行駛的狀態,然後左右地轉動方向盤,此時方向盤在無阻力且不費氣力的情況下空轉一個角度。不同車型、車輛的新舊均有不同的自由轉動量,小汽車一般規定應小於35mm。

如果轉動量不在所駕車輛的規定值之內，應檢查轉向橫拉桿內外球接頭和齒條齒輪總成(圖2-47)。

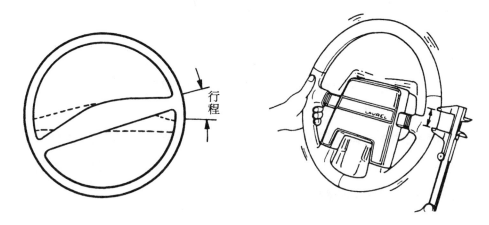

圖2-47　檢查方向盤的自由轉動量(mm)

(2)　檢查方向盤的對中

檢查(1)的同時，應注意檢查方向盤能否處於對中狀態。如果方向盤不對中，拆卸方向盤並將其安裝於中位。

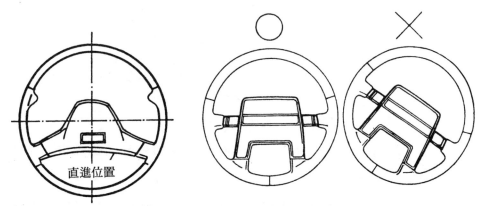

圖2-48　通過方向盤輻條可檢查對中是否合格

　　如果中位在兩個鍵槽之間，鬆開轉向橫拉桿鎖緊螺帽，通過在相反方向左右移動相同數量值的轉向橫拉桿使中位的誤差得以補償(圖2-48)。方向盤是否對中，應視方向盤輻條的位置——汽車在直行狀態時，方向盤的輻條應以圖示○爲準。

⑶　雙手握住方向盤，左右轉動方向盤時，如果轉向軸管鬆動，即可斷定緊固轉向軸管的螺栓螺帽鬆動，應予以緊固。

⑷　檢查轉向裝置外殼的移動

　　平穩轉向時，轉向裝置外殼的移動取決於支架絕緣體的彈性變性。像日產小汽車(桂冠C32)，在乾燥平坦路面上，轉向裝置外殼的最大允許移動量應小於3mm(圖2-49)。

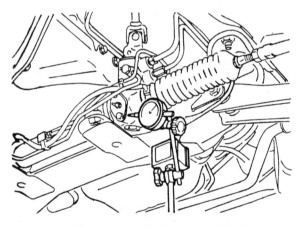

圖2-49　檢測轉向裝置外殼是否移動

　　注意：當用49N(5kg)力作用在方向盤時，對於動力轉向車型，檢查時應關閉點火開關。

　　如果移動超出最大允許值("維修手冊")，在確實安裝好轉向裝置外殼夾後，更換支架絕緣。

　　轉向器總成鬆動時，將固定於車架上的支架螺帽旋緊(圖2-50)。

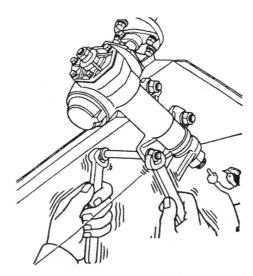

圖**2-50**　檢查轉向器總成裝配螺栓是否鬆曠

⑸　用梅花扳手將固定在駕駛室前方儀錶板附近的轉向柱套管螺帽旋緊。

⑹　檢查方向盤轉動是否平滑

　　如果檢查結果有問題，應按下述情況檢查轉向柱和更換損壞零件：

　①　檢查轉向柱軸承的損壞情況或不均勻度。必要時，用推薦的多用途潤滑脂潤滑轉向柱軸承或更換轉向柱總成。

　②　檢查套管有無變形或破裂，必要時更換。

　　當車輛受到輕微碰撞後，應按使用車型的維修手冊檢查轉向柱長度，如不在規定範圍內，應更換轉向柱總成(參見圖2-51)。

⑺　檢查方向盤的轉動力矩(動力轉向)(參見圖2-52)

　①　將車輛停放水平，拉緊手煞車。

　②　使動力轉向油液升溫到合適的工作溫度(確保油溫大約在60～80℃)，輪胎應充氣到規定壓力。

　③　當方向盤從中位轉到360°時，測量轉動力矩：小於10N・m(1kgf・m)。

傾斜型（帶彈跳機構）

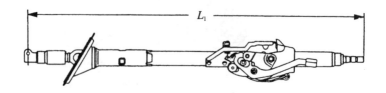

傾斜型（不帶彈跳機構）

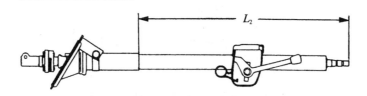

通常日本小客車（不同車型各异）：
$L_1 = 637.5 \sim 639.5\text{mm}$
$L_2 = 540.5 \sim 542.5\text{mm}$

圖2-51 檢測轉向柱長度L_1和L_2

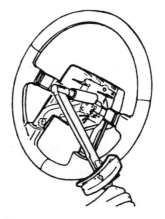

圖2-52 檢查方向盤轉向力矩

(8) 檢查前輪轉角

左右滿轉方向盤，測量前輪轉角(圖2-53)。

型式	手 動 轉 向 型		動 力 轉 向 型	
內外	內　側	外　側	內　側	外　側
滿轉	37°～41°	30°～34°	41°～45°	32°～36°

圖2-53　前輪轉向角的測量

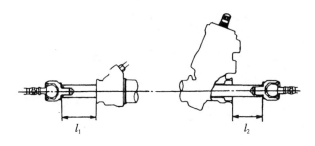

（小齒輪相反側）　　　　　　（小齒輪側）

轉向裝置型號例	R24S	PR25P	PR24SA
測量l_1 (mm)	71	56.2	58
測量l_2 (mm)	71	71	71

圖2-54　檢查齒條行程的圖表例

反前速轉動(內／外)：22°/22°。

如果轉角不在規定值之內，應檢查齒條行程，測量方法如圖2-54，l_1及l_2值見圖2-54中的表格。

(9)　調整齒條定位器

在平坦道路上作下列試驗，如發現有任何不正常現象，應通過轉動調節螺絲，直到異常消失：

①　雙手放開方向盤，檢視車輛是否直線行駛。

②　在把方向盤轉到大約20°時鬆開，檢視方向盤能否回到中位。

(10)　造成方向盤沉重的原因，有可能是轉向器內缺油。轉向器內缺油大多是因洩漏所致。因此，卸下轉向器加油螺塞，從加油孔處檢視油面高度(圖2-55中)，如果從油面到蓋沿超過20mm，則說明缺油，應及時添加。

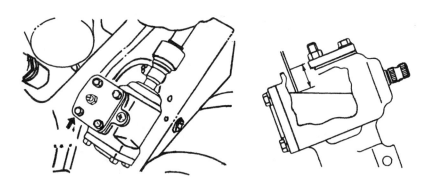

圖2-55　轉向器內的機油量檢查

(11)　液壓式動力轉向機構的油位檢查及系統的排汽

①　油位檢查：須在油液處於冷態時進行(圖2-56)。

②　液壓系統的排汽

·　頂起汽車前端，直到車輪離地。

·　加油時，快速滿轉方向盤，直到左右輕觸轉向擋塊為止。

啓動引擎。重複上一項作業,如果排汽不充分,定會出現下述異常現象,需要繼續排汽,如油箱中(轉向泵儲油室)產生汽泡;油泵有"咔噠"噪音;油泵蜂鳴聲加劇。

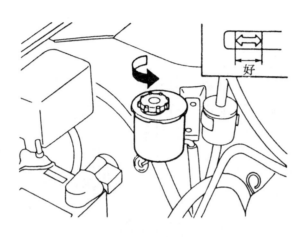

圖2-56　動力轉向機構的油位檢查

在汽車方向盤固定或慢轉動車輪時,油液的噪音可能是閥或油泵引起的。在整個動力轉向系統中,油液的噪音是固有的,它不受系統的運轉或強度影響。

⑿　檢查動力轉向機構的油液滲漏

主要針對油管路的連接情況進行檢查,視有無裂紋、損壞、鬆動等。

⒀　檢查動力轉向系統運行前後的各部狀況

啓動之前,檢查皮帶的鬆緊、驅動皮帶輪和輪胎氣壓(圖2-57)。

①　安裝工具,打開截止閥,然後按照⑾說明的方法排汽。

發動引擎,並把油箱內的油液溫度預熱到60〜80℃(140〜176℉)。

警告:截止閥必須全部打開才能預熱引擎。如果截止閥關閉時發動引擎,則油泵的油壓將會昇高到溢流壓力,引起油溫昇高。

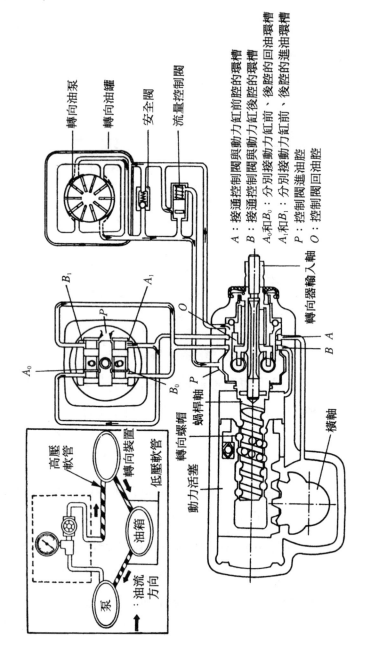

轉向油泵
轉向油罐
安全閥
流量控制閥

A：接通控制閥與動力缸前腔的環槽
B：接通控制閥與動力缸後腔的環槽
A_0和B_0：分別接動力缸前、後腔的回油環槽
A_1和B_1：分別接動力缸前、後腔的進油環槽
P：控制閥進油腔
O：控制閥回油腔

轉向器輸入軸
B A
橫軸
動力活塞
轉向螺帽
蝸桿軸
轉向裝置
高壓軟管
低壓軟管
油箱
泵
油流方向

圖 2-57　動力轉向機械液壓系統

② 方向盤從左到右滿轉時，檢查壓力。

　　注意：方向盤處於鎖緊位置的時間不得超過15秒(參考)。

　　標準壓力(怠速)：6.669～7.257kPa(參考)。

③ 如果油壓超過標準，應慢慢關緊截止閥並檢查壓力。

・ 當壓力達到標準時，轉向裝置危險。

・ 當壓力超過標準時，油泵危險。

　　注意：關閉截止閥的時間不得超過15秒(參考)。

④ 液壓系統檢查完後，應拆卸工具並按要求添加油液，然後把系統中的空氣全部排出。

轉向機構的維修保養週期

◯ 轉向機構故障現象及其起因

　　汽車前部與轉向機構的大部份故障常發生在輪胎使用不當(這些問題駕駛員平時應隨時注意)或前輪定位校準不當(這類問題通常需要技工處理)。要養成經常檢查輪胎的習慣。輪胎的使用情況，通常可用來鑑別汽車前部和轉向機構是否發生問題。

表2-9 轉向機構的故障現象、原因及其解決方法

故障現象	產　　生　　原　　因	解　　決　　方　　法
轉向困難 (方向盤沉重——轉動費勁)	・輪胎氣壓太低或壓力不均勻。 ・動力轉向泵驅動皮帶鬆弛。 ・動力轉向機構油面太低或油品不合格。 ・前輪定位不當。 ・動力轉向泵有缺陷。 ・前端部件彎曲或潤滑不良。	・將輪胎充至正確氣壓。 ・調整皮帶。 ・需及時加油或更換。 ・對前輪定位檢查／調整。 ・檢查／修理油泵。 ・加油或更換壞件。
方向盤游隙太大	・車輪軸承鬆動。 ・轉向連桿鬆動或磨損。 ・避震器故障。 ・球接頭磨損。	・調整車輪軸承。 ・更換磨損零件。 ・更換避震器。 ・檢查／更換球接頭。
車輛跑偏或 " 會飄 "	・輪胎氣壓不合適。 ・前輪定位不當。 ・車輪軸承鬆動。 ・前端組件鬆動或彎曲。 ・避震器故障。	・將輪胎充至正確氣壓。 ・檢查／調整。 ・調整軸承。 ・檢查／修理磨損件。 ・更換避震器
輪胎磨損不均勻	・輪胎氣壓不合適。 ・前輪定位不當。 ・輪胎失去平衡。	・將輪胎充至正確氣壓。 ・檢查／調整。 ・將輪胎校平衡。

○圖解汽車動力轉向機構保養週期(圖2-58)

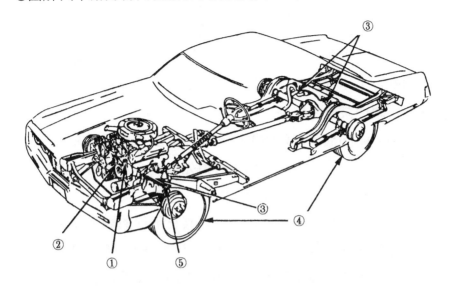

①檢查／加注動力轉向機油　　　　　每3個月或約5000km
②檢查／調整皮帶鬆緊　　　　　　　每3個月或約5000km
　更換動力轉向裝置的皮帶▲　　　　每2年或約40000km
③檢查避震器　　　　　　　　　　　每年或20000km
④檢查輪胎不正常的磨損　　　　　　每個月或約2000km
⑤給車前部各點加注黃油　　　　　　每3個月或約5000km
▲因新皮帶用後會伸長，故行車約500km後，必忘重新調緊皮帶。

圖2-58　圖解汽車動力轉向機構保養週期

汽車動力轉向機構保養要求

(1)　皮帶張緊力的調整

　　動力轉向機構的皮帶鬆弛往往造成轉向困難。建議對皮帶進行週期性檢查。調整步驟：

　　第一：先找到調整螺絲。它可能位於狹長的調整槽內。通常有兩個調整螺絲。

　　第二：找到並旋鬆樞銷螺絲或螺絲。

第三：旋鬆調整螺絲或螺絲，並用一根撬桿按油泵正確的旋轉方向撬動，但要試著撬，不能用力過猛，以免撬壞泵體。

第四：如果皮帶中部可壓下12.7mm(參考)，則說明皮帶鬆緊度合適。皮帶調緊後，便立即旋緊螺絲，首先旋緊樞銷螺絲，在旋其它螺絲時，注意不要讓油泵發生移動。

調整動力轉向機構皮帶的鬆緊有許多方法，只要研究一下油泵，便能得知調整方法。有時，樞銷螺絲必須先鬆掉，才可將泵向裡面搓進去。有時，只要鬆掉一隻螺絲即可。

有的汽車動力轉向機構的皮帶裝在其它附件的驅動皮帶後面，這樣便不得不先把附件的皮帶摘下，然後才能取下動力轉向泵的皮帶。調整皮帶鬆緊時，不能猛撬泵體殼的頸部，因為泵體非常脆，極易碎裂。在汽缸體與泵體之間，只可用木製錘柄撬動泵體，甚或用手將泵體拉向外邊都可。新調換皮帶的汽車行駛320km後，要重新檢查一下鬆緊度。

(2)　添加動力轉向機油

如果系統無洩漏，就完全不必經常去加油。檢查轉向機油須在引擎剛停止運轉的溫度下，且車輪朝著正前方的狀況下進行。轉向機油應保持在"滿"和"加油"的記號之間。可用自動變速箱油從油室頂部加入。別忘檢查油管是否磨損。

(3)　避震器損壞的檢查

避震器損壞後會造成輪胎過度磨損或轉向操縱困難等問題。先趴在車下檢視所有避震器是否漏油，如有漏油，就要更換。

下一步便是站在車前或車後的左角或右角，猛力掀壓幾次車子，隨即鬆手，看看車身要過多久結束跳動。好的避震器，車子應在掀壓鬆手後能自身回跳兩次。記位：如果任一隻避震器需要更換，則總是應成對

(即同時更換前一對或後一對)地更換。

(4)　避震器有多種安裝型式

　　但通常更換避震器都很容易。屬於麥花臣式懸吊裝置(mcpherson type)，最好請專業技工來更換，而對於普通型式，一般按下述要點進行就可以：

①　把車頂起，用安全座支住。要用真正的安全座，絕對不可用磚、木塊等，那些東西都很不保險很不安全。

②　用一些可滲透的油將避震器安裝銷浸濕，然後試著將其拆下，如果車輛很新，這不成問題；但在舊車上，安裝螺帽往往已銹死(圖2-59)。

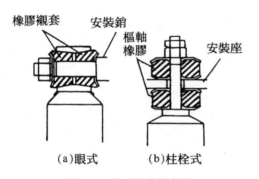

橡膠襯套　　安裝銷　　樞軸橡膠　　安裝座

(a)眼式　　　　(b)柱栓式

圖2-59　避震器安裝部位

③　旋鬆避震器座螺帽時很費勁，這時要用一把鉗子把避震器的頂部抓牢，再去旋動安裝螺帽。

④　安裝螺帽旋下後，拆舊換新，並注意橡膠襯套的安裝方法。

⑤　注意把新避震器的附件一起裝上，旋緊安裝螺栓，放下車身。

(5)　汽車前部各點的潤滑

　　根據汽車出廠的年份和製造廠的說明書要求，選購潤滑油脂。汽車前部的潤滑油嘴可能多達10～12個。通常加油嘴的典型部位是球節、控制臂樞軸銷、轉向桿系和橫拉桿端頭。用一把小的手動黃油槍對這些油嘴逐一注油。

　　向油嘴注油時，一直注意到能看見油嘴周圍有潤滑脂溢出，便表明已注滿。有時，這些油嘴被髒物等阻塞，可用一隻小扳手將其旋下清除除髒物後再注油。

⑹　更換動力轉向機構的皮帶(圖2-60、圖2-61、圖2-62)。

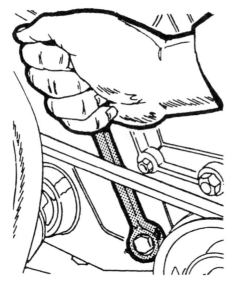

鬆開樞軸螺栓時，可能要卸
下其它附件的皮帶後才可以
鬆開動力轉向機構的皮帶

圖2-60

鬆開調整螺栓，抓牢並向上拉動皮
帶，使油泵朝引擎方向移動，拆下
舊皮帶

圖2-61

將新皮帶裝入皮帶輪槽中，並小心
地向外撬動油泵。皮帶鬆緊調好后
旋緊各部螺釘

圖2-62

車輪失衡引起方向盤的顫震

○故障特徵

汽車超過一定車速時，方向盤沿圓周方向有明顯顫震(有些駕駛員
稱之爲"哆嗦")，車速愈高，似乎徵狀反應愈烈，嚴格講，此故障稱之爲
"方向盤跳擺"。

○故障原因

對於一輛正常汽車來說，行駛中一般是不會發生方向盤顫震問題。
但是，如果行駛中底盤各部出現異常，汽車不論低速行駛還是高速行駛
，都會發生方向盤跳擺。常見原因是：輪胎失去平衡、輪圈翹曲、車輪
緊固不良、車輪軸承鬆動、轉向機構不良、避震器失效、懸吊裝置聯結

鬆動等等。

　　上述諸多原因中，車輪失衡是引發方向盤顫震的主要原因。如果車輪只是稍稍有些失衡而方向盤震幅劇增，則應檢查其它方面的原因。

　　此外，在某一特定車速(如90km/h)時，方向盤開始跳擺，而在其它車速下卻無此情況，這是前輪和懸吊共震引起的。

○故障快速排除

　　隨著汽車行駛速度的不斷提高，車輪的平衡問題日益為人們所重視，前面提及的車輪失衡引起方向盤跳擺，是由於車輪的不平衡質量在高速旋轉時的震動所引起的。它不僅影響行車安全，加劇輪胎磨損，而且還會影響汽車行駛的平順性。車輪失衡問題是駕駛員無能為力的，但應能料及，送廠檢修。

　　為提高行駛里程，延長輪胎壽命和保障行車安全，不論新舊輪胎，每次裝上輪圈時都要平衡一下。平衡包括把小量的鉛配重裝在輪緣上，以便調整任何不平衡狀態。動平衡效果最好。用水平儀的汽泡或作靜平衡的效果也足夠了，調整費用也較少(圖2-63)。

　　注意：為了避免在平衡輪胎作業時弄壞昂貴的鋁鎂合金輪盤或有漂亮外飾的車輪，可購用現成的裝入式配重進行平衡。

　　車輪不平衡是由於材料不均勻或工藝上的誤差以及事故後等原因，致使車輪和輪胎的質量分佈不勻形成不平衡質量。車輪旋轉時，這種不平衡質量所產生的離心力之水平分力會對主銷(大王銷)形成一力矩，直接使轉向輪偏轉，造成車輪跳擺，可見車輪不平衡有極大的車禍隱患。儘管上述不是駕駛員和普通修理工人可以力所能及的，但應當了解"車輪不平衡"直接影響汽車的操縱性和行駛平順性等知識。

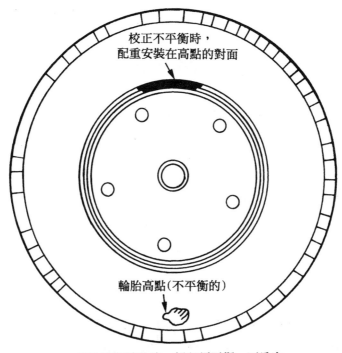

每次換裝輪胎時，都必須平衡一下爲宜
，以消除微小的偏差

圖2-63

方向盤的自動回位力弱

○故障特徵

　　主要表現爲汽車時常忽左忽右曲線行進，或轉一下方向盤就必須用
力撥正方向盤。這種故障增加了駕駛員的疲勞程度，極易釀成車禍。

○故障原因

該故障情況在事故車中最為多見，通常是由以下原因引起的：

(1) 車身或車架扭曲變形。

(2) 由於後軸裝配位置移動導致軸距失準。

(3) 懸吊彈性元件等損壞。

除此之外，尚有下述幾個重點因素：

(1) 前輪定位失準時，特別是與主銷外傾角與前趨角有關。

(2) 左右車輪中有煞車拖曳問題。

(3) 操縱裝置部潤滑不良。

(4) 操縱裝置機構中調整部份過緊或修理之後的運動部份未充分的配合。

其它如方向盤的震動，受制者當然它的回位也惡化。

○故障快速排除

(1) 各車輪的輪胎充氣壓不一致，會影響汽車的正常行駛。譬如左右兩輪胎壓不一致，若右胎壓低而左胎壓高時，右輪胎胎面接地印跡增寬，並承受較大的路面阻力，因此汽車向右偏轉。遇此情況，駕駛員應重新調整左右輪胎壓，保持左右兩側的輪胎氣壓一致。

(2) 隨車必須經常存放輪胎壓力錶。檢查胎壓須在冷卻的輪胎上用一隻袖珍式的壓力錶經常地測試(包括備胎)，而簡單地用腳踢胎面並不能準確地得知胎壓大小。輪胎氣壓的標準數字，可從汽車使用手冊上查找到。

(3) 轉向輪定位失準，特別是前輪外傾角超過設計規定值時，汽車會朝外傾角大的一向偏駛。參見圖2-64，介紹一種簡便易行的前輪外傾角檢查方法。將車輛停穩在平坦路面上，用一根端部系有砝碼的細繩貼車輪上沿外側，鉛直墜下，然後測量細繩與車輪下沿外側(接地部)間的距離。若左右輪所測出的尺寸相同且符合的規定值，則說明前輪定位正常，否則即為前輪定位失準。

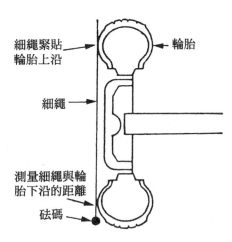

圖2-64　齒輪外傾角良否的快速檢查方法

側傾角是從車前端的車輪本身在偏離垂直線的角度。正側傾角表示車輪頂部從車輛向外歪出，而負側傾角則表示朝內歪進。通常當車輛卸載後都有一點正側傾。這樣當輪子在車輛有負載並在路面上滾動時，便可正好垂直於地面。如果車輪不帶一點正側傾，那麼在裝載後汽車開動時便將使車輪呈現負側傾。過度的側傾(不論是正側傾還是負側傾)都將會使輪胎加速磨損，因為輪胎的一邊比另一邊會承受更重的負載。

(4) 煞車拖曳是左右車輪中的某一車輪煞車不正常引起的。此時汽車將繞著產生煞車拖曳的一側車輪打轉，致使方向盤的自動回位受到影響，給駕駛員心理上造成一種十分緊張的作用。關於如何解決煞車拖曳問題，參見本書煞車故障快速排除部份的內容。

什麼是前輪定位

　　前輪定位問題，作為一名合格的駕駛員和修理技工應當十分清楚，甚至有必要掌握其一定的理論和實際操作。

　　有人把前輪定位稱之謂前輪校正，是一門轉向幾何學(又叫車頭幾何學)，其含義是指前輪與前輪相互間的位置及前輪與車輛之間的相對位置。

圖示前輪定位概念與檢查

　　保持正確的前輪定位，有利於行車中方向盤的自動回位、轉向精確、減少輪胎的磨損，換言之有利於行駛穩定和安全。決定前輪定位的諸要素是相互關聯的，因此當一個要素在調整中作了改變，則其餘的要素也必須相應地予以調整(參見圖2-65、圖2-66、圖2-67、圖2-68、圖2-69、圖2-70、圖2-71、圖2-72)。

基準線

在測定前輪前泵之前，先圍繞胎面畫一條基準線；在降下車輛前部之後，上下移動幾次以便消除摩擦力，並且將轉向輪對準前方

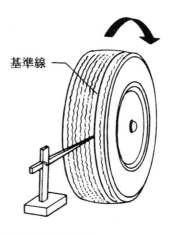

圖2-65　前輪定位檢查與調整

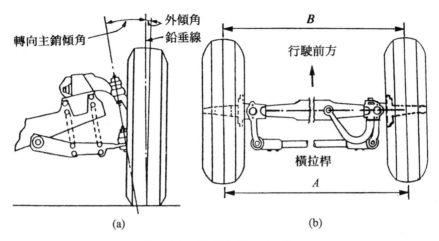

(a)　　　　　　　　　　　　　　(b)

圖2-66　前束檢查($＝A－B$)

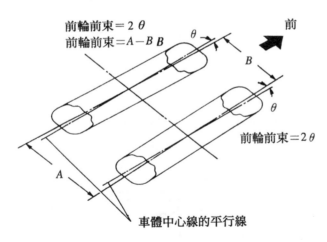

圖2-67　在輪轂中心的同一高度測量"A"和"B"

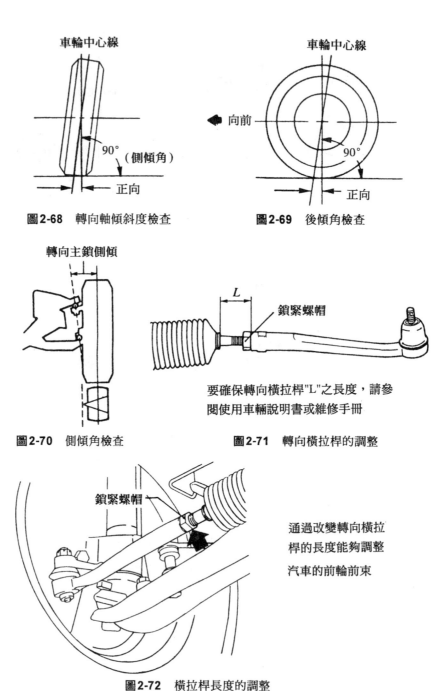

車輪中心線

90°（側傾角）

正向

圖2-68　轉向軸傾斜度檢查

車輪中心線

向前

90°

正向

圖2-69　後傾角檢查

轉向主鎖側傾

圖2-70　側傾角檢查

L

鎖緊螺帽

要確保轉向橫拉桿"L"之長度，請參閱使用車輛說明書或維修手冊

圖2-71　轉向橫拉桿的調整

鎖緊螺帽

通過改變轉向橫拉桿的長度能夠調整汽車的前輪前束

圖2-72　橫拉桿長度的調整

汽車行駛中感覺轉向操作沉重

○故障特

　　汽車轉彎行駛中，駕駛員明顯地感覺所操縱的方向盤十分沉重，同時汽車的機動性也顯著地相應降低。這不僅增加了駕駛員的勞動程度，而且無法保證汽車滿載、高速和安全行駛。

○故障原因

　　造成轉向操作沉重的主要原因是：

(1)　前輪胎氣壓不足。

(2)　前輪定位失準(如外傾角不符合規定)。

(3)　方向盤自由轉動量過小(如轉向器蝸桿與扇型齒之間的間隙太小)。

(4)　轉向機構各部嚴重磨損失修、拉桿彎曲。

(5)　車架變形等等。尤其當外傾角過小時，方向盤轉動也就愈沉重。

○故障快速排除

　　包括前輪外傾角在內的前輪定位調整作業，因條件限制，一般車主是無法勝任的，必須送修理廠檢修。

□懸吊機構常見故障快速排除

　　懸吊機構的功用主要是緩和汽車行駛中因路面不平引起的衝擊和震動，保證車輪有良好的貼地性和提高乘座的舒適性。

典型的汽車前後軸懸吊機構簡介

前軸懸吊機構

　　小汽車前軸大多裝設避震器和轉向節合為一體的、車輪沿主銷移動的燭式獨立懸吊機構，圖2-73是日本日產‧桂冠(NISSAN LAUREL)小汽車的典型前懸吊(圖2-73)。

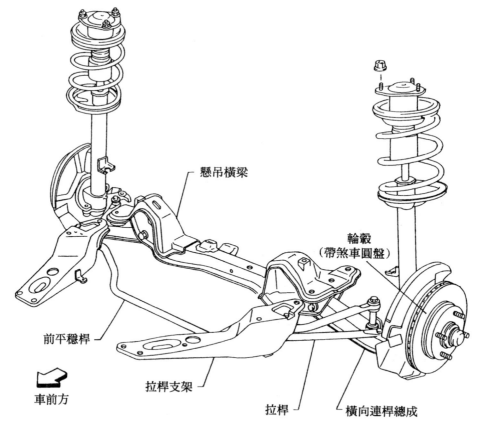

懸吊橫梁

輪轂
(帶煞車圓盤)

前平穩桿

拉桿支架

車前方

拉桿

橫向連桿總成

圖2-73　典型的前軸懸吊機構例(日產‧桂冠)

後軸懸吊機構

後軸一般採用螺旋彈簧為彈性元件的非獨立懸吊機構(只用於小轎車——註)。圖示兩種後軸懸吊機構(圖2-74、圖2-75)。

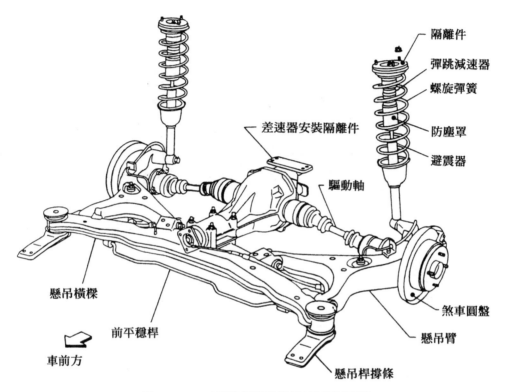

隔離件
彈跳減速器
螺旋彈簧
防塵罩
避震器
差速器安裝隔離件
驅動軸
懸吊橫樑
前平穩桿
車前方
懸吊桿撐條
煞車圓盤
懸吊臂

圖2-74　I.R.S型後軸懸吊機構(日產桂冠例)

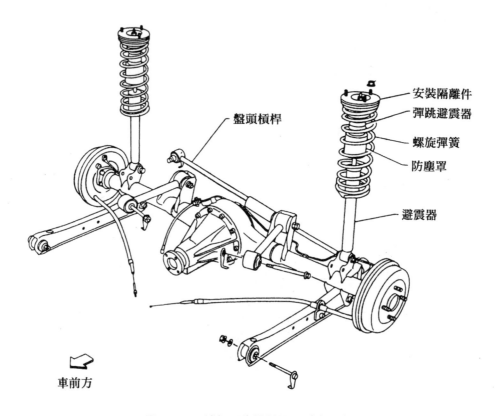

盤頭槓桿

安裝隔離件
彈跳避震器
螺旋彈簧
防塵罩

避震器

車前方

圖2-75　5-連桿型後軸懸吊(日產桂冠例)

○故障特徵

　　懸吊故障日常憑駕駛員行車中的感覺即能發覺。譬如，汽車於急轉彎處提高車速行駛時，若車廂內側有向上飄浮感、輪胎部發出"咯吱、咯吱"異響，可以斷定這是懸吊或前輪定位不良所致。

○故障原因

　　概括地講，引起懸吊機構方面的故障，大多是因超載或輪胎氣壓太高、避震器漏油、吊耳膠著、缺乏潤滑、鋼板斷裂等所致，此外，噪音可能係U型螺栓、吊耳或金屬罩鬆脫、彈簧銷或彈簧銷銅套磨損、避震器聯動裝置鬆動等引發。

◯故障快速排除

檢查前軸和前懸吊零件

(1)　用力扳動前保險桿(上下運動)，檢視避震器是否在伸張(或壓縮)行程內動作。如果車廂上下顛簸2～3次後就停了下來，並無異響，即證明避震器良好。

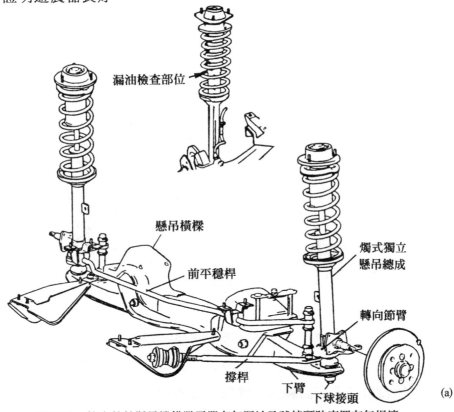

漏油檢查部位

懸吊橫樑

前平穩桿

獨式獨立
懸吊總成

轉向節臂

撐桿

下臂

下球接頭

(a)

圖2-76　檢查前軸懸吊機構避震器有無漏油及球接頭防塵罩有無損壞

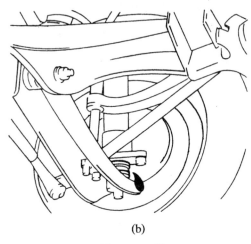

(b)

圖2-76　(續)

(2)　避震器密封圈磨損後，內裝避震器油會從該處洩漏。如果目檢有漏
　　　油跡象，應立即更換密封圈(圖2-76、圖2-77)。

圖2-77　檢查後軸懸吊機構避震器有無漏油或損壞

(3)　檢視前懸吊下球接頭銷防塵罩是否破裂。如果防塵罩破損，泥水、
　　　灰塵極易進入球窩關節，致使球接頭銷早期磨損(參見圖2-76)。

⑷　用千斤頂頂起車軸，搖動、轉動車輪，車輪回轉時，若有異響發出或手扶輪胎上部撼動，感覺鬆動，則說明輪轂軸承磨損嚴重(圖2-78)。

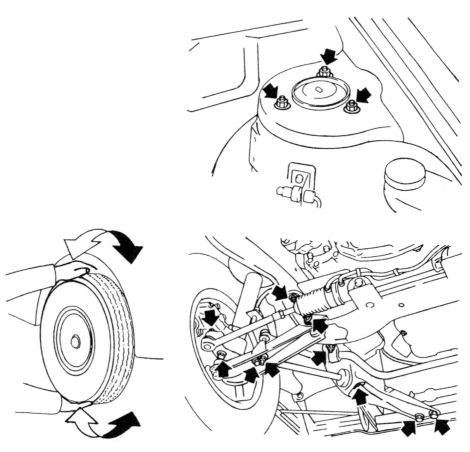

圖2-78　搖動、轉動每個車輪 　　　　圖2-79　檢查開口鎖、撐緊力矩值及
　　　　　　　　　　　　　　　　　　　　　　　前懸吊零件質量

⑸　檢查開口銷有沒有掉落。

⑹　將所有螺帽和螺栓旋緊到規定力矩。參考數據如下：

　　・　車輪軸承　34～39N・m(3.5～4.0kgf・m)

　　・　前懸吊零件到車體　79～93N・m(8.0～9.5kgf・m)

- 避震器固定螺帽　8～14N・m(0.8～1.4kgf・m)
- 橫拉桿到前懸吊零件　78～98N・m(7.8～10kgf・m)

(7)　檢查前懸吊零件有無磨損、裂紋及刮傷(圖2-79)。

(8)　檢查前輪軸承是否轉動平穩，以及軸端游隙和漏油情況(圖2-80)。

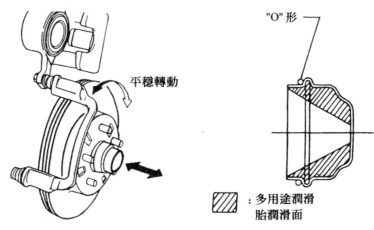

平穩轉動

"O"形

▨　:多用途潤滑
　　胎潤滑面

圖2-80　檢查前輪軸承　　　圖2-81　輪轂蓋剖面

(9)　如果在更換了車輪軸承或重新裝配前軸之後，要按照下列方法調整車輪軸承的預緊力(參見圖2-81)：

①　調查之前，徹底清洗所有零件以防灰塵進入軸承。

②　將下列零件塗上少量的專用多用途潤滑脂：

- 輪軸磨擦表面。
- 鎖緊墊圈和外輪軸承之間的接觸面。
- 輪轂蓋。
- 潤滑脂密封圈邊緣。

③　將車輪軸承鎖緊螺絲旋緊到規定力矩。

④　沿兩個方向轉動輪轂幾次，以便使車輪軸承處於正確位置。

⑤　再次將車輪軸承螺絲旋緊到規定力矩。

⑥　將車輪軸承鎖緊螺絲往回轉90°（圖2-82）。

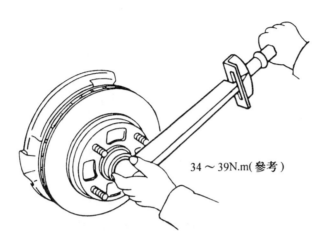

34～39N.m(參考)

圖2-82　將車輪軸承鎖緊螺母旋緊

⑦　裝配調整蓋和新開口銷。注意不要為了插入開口鎖而反轉螺絲，
為了對正開口鎖孔，只能在15°的範圍內沿緊固方向轉動螺絲，
在輪轂蓋未調整好之前，開口鎖不要張開(圖2-83)。

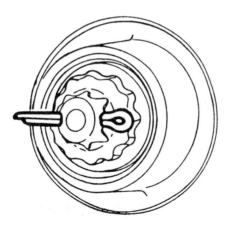

圖2-83　裝配調整蓋和新開口銷

⑧　測量車輪軸承預緊力和軸端游隙。重複上述過程，直到獲得正確
的軸承預緊力(圖2-84)。

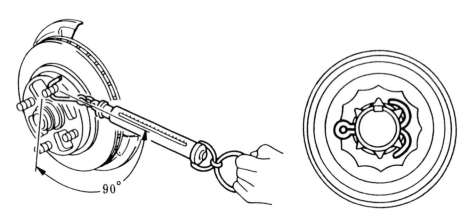

圖2-84 測量車輪軸承的預緊力　　　**圖2-85** 安裝開口銷和輪轂蓋

⑨ 將開口鎖張開，安裝上帶新"○"形圈的輪轂蓋(圖2-85及圖2-81)。

⑩ 最後，檢查前輪定位。預檢項目包括以下內容：

- 輪胎氣壓和磨損。
- 車輪軸承軸端游隙。
- 懸吊球接頭。
- 車架上轉向機殼的游隙。
- 轉向傳動桿系和接頭。
- 避震器的功能。
- 旋緊每個懸吊零件。
- 空載時的車輛高度。
- 修理或更換損壞部份或零件。

　　"空載"係指僅燃油、散熱器(水箱)冷卻液和引擎油裝滿的無貨車輛，同時包括備胎、千斤頂、手動工具和墊子等安置就位。

　　前輪定位的內容可參閱本書：

□轉向機構常見故障快速排除

　方向盤的自動回位力弱

　什麼是前輪定位・圖示前輪定位概念與檢查

檢查後軸和後懸吊零件

　　對前懸吊檢查的內容基本上適用於後懸吊，所不同的內容如下：

(1)　由於後懸吊結構不同於前懸吊結構，其螺栓、螺帽部位如圖2-86、
　　圖2-87所示。

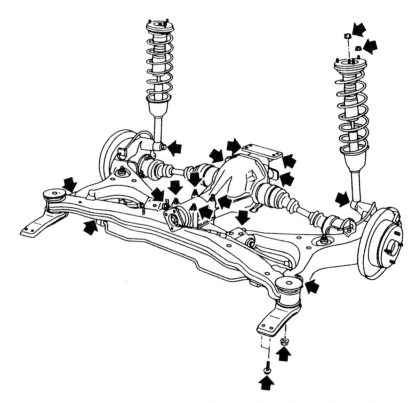

圖2-86　日產桂冠I.R.S型後懸吊的螺栓、螺帽須旋緊部位例

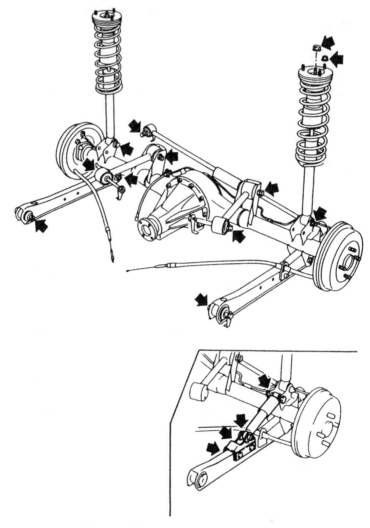

圖2-87 日產桂冠5—連桿型後懸吊的螺栓

(2) 檢查防塵罩和驅動軸有無裂紋、磨損、損壞或漏油(圖2-88)。

(3) 後輪校正的預先檢查內容。必要時,應預調整、修理或更換下列各項:

· 檢查輪胎是否磨損、充氣是否適當。

- 檢查後輪軸承是否鬆動。
- 檢查車輪有無偏擺。
- 檢查後軸避震器工作是否正常。
- 檢查後軸和後懸吊零件是否鬆動。
- 測量空載車輛高度。

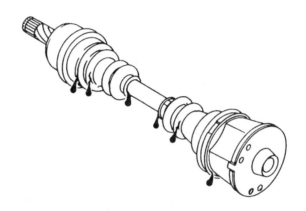

圖2-88　驅動軸的檢查

□煞車系統的常見故障快速排除

汽車煞車的結構與特性簡述

　　圍繞本書所應闡述的中心內容，本章僅就煞車系統幾個主要零部件、總成等進行分析，因此，為了加深理解掌握煞車系統故障的特徵、成因和排除要領，先了解煞車的構造、特性。

典型的煞車系統部件(圖2-89)

(1)　液壓系統

　　整個液壓系統是駕駛員通過操縱煞車踏板而起作用。駕駛員總是希望踩下煞車踏板後汽車便能停下來。

　　煞車採用液壓系統控制有兩個原因，首先是液體(煞車油)在壓力作用下能通過細小的軟管或金屬管路傳到車輛的各部位而不需佔用很多空間，也不會引起線路上的問題；其次，油壓流體有很優越的機械性能——輕踩煞車踏板，便可在車輪上產生很大壓力。

　　在整個液壓煞車系統內，從總泵到車輪煞車分泵都充滿了煞車油。踩下煞車踏板，總泵內的活塞即受壓移動，對管路中的煞車油施加巨大壓力，油液無路可走，迫使分泵內的活塞(鼓式煞車)或卡鉗式活塞(圓盤式煞車)對煞車蹄片(鼓式)或煞車塊(圓盤式)施加壓力，由此，煞車鼓與煞車蹄片或煞車來令片與圓盤之間產生摩擦使汽車減速並最後停下來。

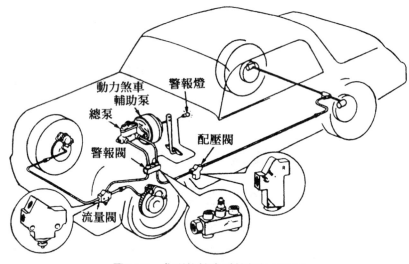

圖2-89　典型的煞車系統部件示意圖

(2)　總　泵

　　煞車踏板與煞車總泵的活塞相聯，總泵內充滿了煞車油(圖2-90)。

　　現在大多數的煞車總泵實際上是由兩個油缸組成的，這樣的系統稱為雙管路煞車系統，因為前油缸連接前煞車，後油缸連接後煞車(有的車是對角型連接的)，兩個油缸實際上是分開的，以便在煞車系統的一部份失靈時，緊急煞車可以仍然有效。

　　鬆開煞車踏板，彈簧將總泵活塞推回正常位置。總泵內的截止閥在活塞返回時，讓煞車油流向分泵或圓盤煞車。然後，當煞車蹄回位彈簧拉著煞車蹄回到原來放鬆的位置時，過量的煞車油便通過補償孔道流回總泵。當活塞返回時，補償孔道是打開著的。如果從系統中有一些煞車油洩漏，也還可以通過補償孔道進行補充。

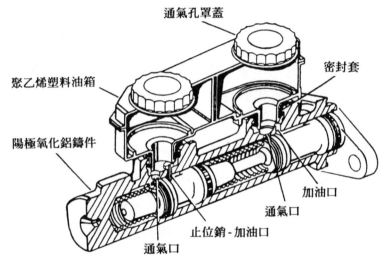

通氣孔罩蓋

密封套

聚乙烯塑料油箱

陽極氧化鋁鑄件

加油口

通氣口

止位銷‐加油口

通氣口

（自1967年起，幾乎所有總泵均採用雙回路的型式）

圖2-90　典型的煞車總泵結構

(3)　分　泵

　　在鼓式煞車系統中，每個車輪煞車分泵內有兩個活塞，兩頭各一個。踩下煞車踏板，通過煞車系統的液壓傳遞，分泵的兩個活塞以相反的方向外張開。分泵的基本結構參見圖2-91。

　　在圓盤式煞車系統中，分泵是煞車的一部份(可能多到四隻，也可能只有一隻)。但不論圓盤式煞車或者鼓式煞車，所有活塞均用某種橡

膠密封，以防止活塞周圍產生洩漏；並用橡膠防塵套從外端部封住分
泵，以防灰塵和潮氣侵入。

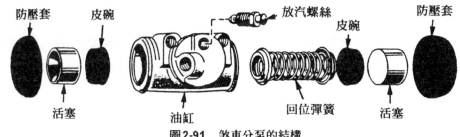

防塵套　　皮碗　　　　　　　　　放汽螺絲　　皮碗　　　　　防塵套

活塞　　　　　油缸　　　　　回位彈簧　　活塞

圖2-91　煞車分泵的結構

(4)　鼓式煞車

　　　　兩個煞車蹄安裝在每個車輪內的固定底板上，蹄片(煞車片)鉚裝在
圓形的蹄上。煞車鼓隨著車輪總成一道運轉，煞車蹄片由彈簧拉緊處於
固定位置，並可朝向煞車鼓搖靠。而蹄上的煞車來令和煞車鼓是預先按
照規定調準好了相對位置的。煞車蹄由煞車底板上部的分泵來操動。煞
車時，油壓迫使分泵的兩個促動連桿外張。連桿直接支承著煞車蹄的頂
端，鉚接放蹄上的煞車來令片頂部便被迫朝外頂住煞車鼓的內壁。此作
用使得兩蹄的下部隨整個總成也作輕微轉動(名為伺服作用)而與煞車鼓
相接觸(圖2-92)。

(5)　圓盤式煞車

　　　　採用一個鑄鐵圓板，兩邊都有煞車塊。其煞車作用就像你用手指夾
住一個旋轉著的盤子那樣。

　　　　圖2-93為圓盤煞車的基本結構。

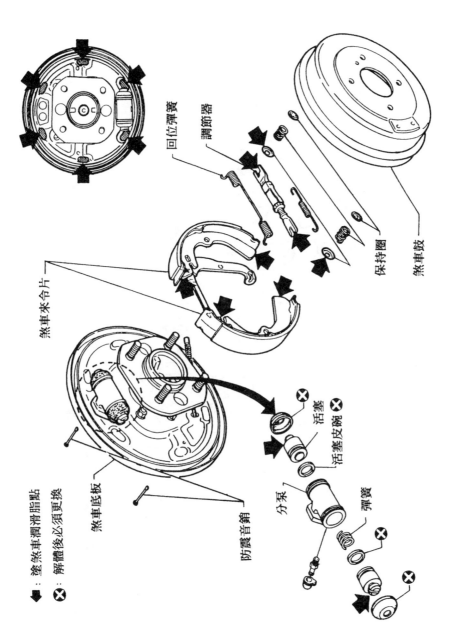

回位彈簧

調節器

保持圈

煞車鼓

煞車來令片

●：塗煞車潤滑脂點

❌：解體後必須更換

煞車底板

防震音銷

活塞

活塞皮碗

分泵

彈簧

圖2-92　鼓式煞車的結構分解圖

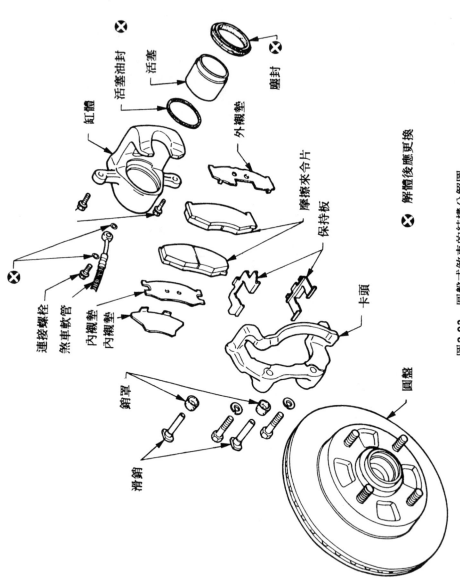

活塞油封 ✪

活塞

塵封 ✪

缸體

外襯墊

摩擦來令片

保持板

解體後應更換 ✪

卡頭

連接螺栓

煞車軟管

內襯墊

內襯墊

圓盤

銷罩

滑銷

圖2-93　圓盤式煞車的結構分解圖

⑹　駐車煞車

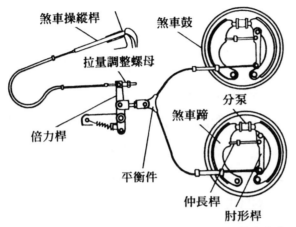

煞車操縱桿
拉量調整螺母
倍力桿
平衡件
煞車鼓
分泵
煞車蹄
仲長桿
肘形桿

(a) 後車輪直接煞車型駐車煞車（常用於小汽車）

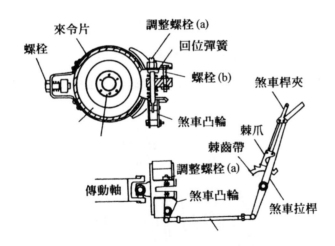

來令片
螺栓
調整螺栓(a)
回位彈簧
螺栓(b)
煞車桿夾
棘爪
棘齒帶
煞車凸輪
調整螺栓(a)
傳動軸
煞車凸輪
煞車拉桿

(b) 傳動軸煞車型駐車煞車（中央槓桿式）

圖2-94　兩種駐車煞車(手煞車)

　　又名手煞車，又稱停車煞車、緊急煞車，不論怎樣的名稱，煞車目的只用於停車。駐車煞車系必須牢靠地保證汽車在原地停駐並在任何情況下不會自動滑行。這一點唯有用機械鎖止方式才能實現。這是駐車煞車多用機械式傳動裝置的主要原因。駐車煞車可以與行車煞車共用，也可以是專設中央轉動軸煞車(參見圖2-94)。

(7)　動力煞車輔助泵

又稱動力煞車助力器。動力煞車裝置的作用除與總泵活塞的驅動不相同外，其它與標準的煞車系統相同。它是同一個真空膜片裝在總泵的後面，煞車時，駕駛員的操作既省力又可以減小煞車踏板必須踏下的行程。真空膜片泵體由一根真空軟管連接到進汽歧管上。在軟管進入泵體的地方裝有一個止回閥(真空單向閥)，以確保在進汽歧管的真空度低時，煞車輔助真空不會漏失。圖2-95、圖2-96為日本豐田─皇冠汽車動力煞車系統示意圖(圖2-95)和典型動力煞車助力器(圖2-96)。

踩下煞車踏板，關掉了真空源，讓大氣壓力作用到膜片的一邊，這樣便使總泵活塞移動，進行煞車。當鬆開煞車踏板時，使膜片的兩邊均產生了真空，回位彈簧使膜片和總泵活塞都退回到放鬆位置。如果真空度失效，煞車踏板桿將頂住總泵操作桿端部，此時，如果踏下踏板就直接地產生了機械作用。

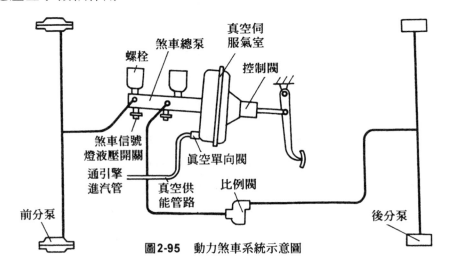

圖2-95　動力煞車系統示意圖

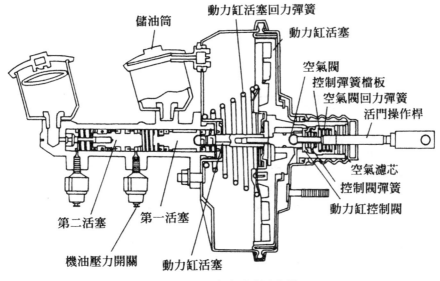

儲油筒

動力缸活塞回力彈簧

動力缸活塞

空氣閥

控制彈簧檔板

空氣閥回力彈簧

活門操作桿

空氣濾芯

控制閥彈簧

動力缸控制閥

第二活塞　　第一活塞

機油壓力開關　　動力缸活塞

圖2-96　汽車真空助力器

　　與傳統煞車系統有關的液壓、機械等方面的知識，同樣適用於煞車助力器結構原理的理解。

煞車系統與煞車常見故障檢查

　　不論你是駕駛員也好，或是一位汽車底盤方面的專業修理工也好，也許你所掌握和了解的煞車液壓系統和煞車的內容比前面介紹的點滴更豐富和詳盡，這將有益於深入理解下文述及的常見故障、檢查及排除。如果不是這樣，你認為有結構、性能方面的知識在本書中講得還不盡如意，希望你多閱讀一些專門介紹煞車及系統方面的專著。這是因為"煞車"這個問題，對於一名駕駛員(職業的或非職業的)來講，它關係到避免發生意外車禍減少不應有損失而至關重要的問題，因此，本書花了較多篇幅來談這方面的內容(參見圖2-97、圖2-98)。

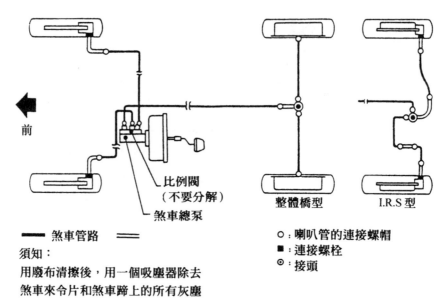

比例閥
（不要分解）

煞車總泵

━━ 煞車管路 ══

須知：

用廢布清擦後，用一個吸塵器除去
煞車來令片和煞車蹄上的所有灰塵

整體橋型　　　I.R.S 型

○：喇叭管的連接螺帽
■：連接螺栓
◎：接頭

圖2-97　煞車液壓管路系統

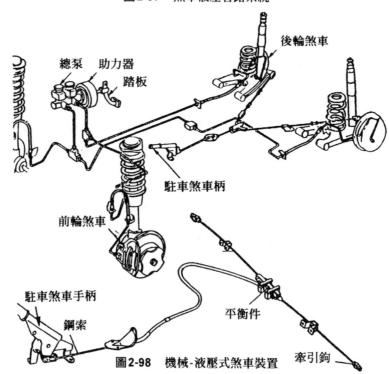

總泵　助力器
　　　踏板

後輪煞車

駐車煞車柄

前輪煞車

駐車煞車手柄

鋼索

平衡件

牽引鉤

圖2-98　機械-液壓式煞車裝置

○故障特徵

經常有人說"煞車失靈"，什麼算作煞車失靈？煞車失靈的徵狀是什麼？下面就來說清楚這個問題。

當煞車時，若不猛踩煞車踏板，各車輪不起煞車作用或煞車效能明顯地降低、煞車踏板總行程過大、煞車遲緩、煞車距離增長等等。特別是煞車遲緩與煞車距離增長這種煞車不能"一腳靈"的情況，相當危險。

○故障原因

液壓煞車力不足，多因煞車總泵方油和煞車來令片磨損嚴重所致。

煞車總泵油液不足，在踩下煞車踏板(即使踏板踩到極限位置)時，也還是感到煞車效果不大，甚至根本無煞車作用。

煞車踏皮無任何阻力地被"嚇"一下踩到駕駛室地板，可能是以下一些原因：

(1)　煞車總泵缺油。

(2)　煞車液壓管路破裂或管接頭部漏油。

(3)　各分泵活塞破損引起煞車油液滲漏，等等。

○故障快速排除

(1)　卸下煞車總泵儲液罐螺塞，檢視煞車油位，煞車油應處在液罐上的最多標線和最少標線之間(圖2-99)，如果液位太低，應檢查煞車系統，看有無漏液情況，及時找到洩漏部位(圖2-100)。

(2)　檢視從總泵到各分泵的煞車管路(管子和軟管)有無裂紋、變質或其他損壞的跡象，更換有缺陷的零件。特別是各接頭部位有無漏油情況，如漏油應將其重新鎖緊，或在必要時更換有損零件。

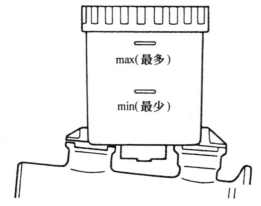

圖2-99 煞車油的液位檢查

圖2-100 煞車系統有無滲漏的檢查

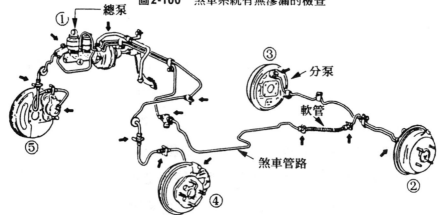

圖2-101 容易滲漏煞車油的煞車管路接頭部位(箭頭)

分泵部漏油極易髒污來令片，所以要特別留心檢查(圖2-101)。

(3)　只要煞車油沒有向外滲漏，那麼其消耗量是有限的。煞車油應定期更換。鼓式煞車的煞車油通常每隔兩年更換一次為宜；圓盤式煞車的煞車油一年更換一次。由於煞車油吸濕性很強，因此最好避開梅雨季節更換煞車油。

(4)　更換煞車油應注意下列要點：卸下所有分泵的軟管接頭，使舊油完全流出，此時，操作煞車踏板促進流出。總泵的儲油室及包括分泵的全油路系統全量排出終了後，對儲油室注入酒精，踩下踏板數次，使之流出，油路洗滌後，再結合卸下的接頭部，在儲油內裝滿新煞油，此時切記勿忘新油注到規定水準和放汽。

(5)　液壓回路的放汽(air bleeding)的作業要領是：從總泵開始(參見圖2-101中①～⑤順序)。

　　・　在總泵儲油室中補充多於規定量的指定煞車油。

　　・　卸下分泵的放氣塞，在該塞口安裝PVC管，管末端浸入裝滿煞車油的玻璃容器中，在此階段不可放鬆放汽塞(圖2-102)。

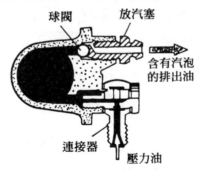

圖2-102　分泵放汽塞

　　・　用力踩數次煞車踏板，將踏板踩到底，同時放鬆總泵的管接頭，使總泵內的汽泡帶油流出後，在踩著踏板的狀態鎖緊接頭。

　　・　包含分泵的作動系內之空氣從分泵的放汽塞流出，作業應從最遠離總泵的分泵開始。

‧　放鬆分泵放汽塞，踩煞車踏板數次，看不到汽泡流進容器中，在踏盡踏板的狀態鎖緊放氣塞，勿忘嵌入塞帽。

‧　所有分泵放汽結束，將煞車油補充到規定水準。

動力輔助液壓煞車系統的放汽可參照上述程序，但須在下示各作動區間放汽：

總泵——輔助總泵、輔助總泵內、輔助總泵——分泵。前者與普通的液壓油路放汽方法完全相同，後兩者的作業程序應嚴格按照在用車使用說明書上的要求進行，關鍵是要清楚了解動力輔助液壓總泵的結構上的繼動閥的放汽螺絲(參見圖2-103)。

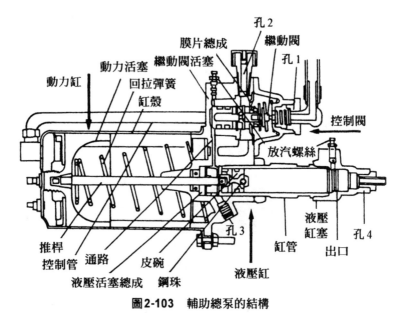

圖2-103　輔助總泵的結構

(6)　煞車作用開始一瞬間的遲後情況，是在煞車踏板尚未連續踏2～3腳時因踏板行程過長所致。

煞車踏板部位的幾個尺寸

參見圖2-104先掌握幾個尺寸：

H——自由高度，又稱煞車踏板高度。

D——踩下高度，又稱踏板剩餘量。

C1——踏板擋件與停車燈開關螺紋端之間的間隙(0.3～1.0mm參考)。

C2——踏板擋件與自動速度控制裝置開關螺紋端之間的間隙(0.3～
　　　1.0mm參考)。

A——踏板的自由行程(1～3mm參考)。

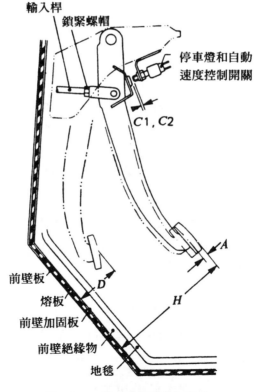

圖2-104　煞車踏板的幾個尺寸

　　踏板總行程過大這種不正常情況，多數是因為煞車經長年使用，來令片與煞車鼓間隙增大，該間隙反映到踏板總行程變得過大，從而延長了煞車來令片壓到煞車鼓上發生煞車作用的時間。

(7)　參見圖2-104，當煞車來令片磨損後，踏板行程增大，煞車效果顯著惡化。通常，正常的煞車，踏板只要踩到1/2H，即應產生煞車作用。在一般情況下，煞車踏板的自由高度為距離駕駛室底板(前壁加固板)約159～169mm(參考)踏板的自由行程，該行程可利用裝在踏板臂上的限制螺絲來調整(圖2-105)。

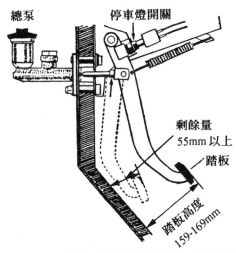

總泵　　　　停車燈開關

剩餘量
55mm 以上

踏板

踏板高度
159-169mm

圖2-105　煞車踏板的行程數據(僅供參考)

　　行駛中如果踏板一腳踩到底無煞車時，應馬上採取駐車煞車的辦法把汽車停住。

煞車過度使用造成煞車失效

　　煞車是吸收汽車動能使之轉變為熱能，迫使汽車迅速減速直至停駛的機構。如果連續使用煞車，煞車蹄上產生高熱而導致來令片材料變質，摩擦力大大降低。加上由於煞車工作條件的進一步惡化，煞車管路受高溫影響，管路內的煞車油因汽化而發生汽阻現象，當駕駛員踩下踏板時，煞車系統的油壓顯著降低，因而達不到應有的煞車效能。

○故障特徵

盛夏，當汽車下長坡行駛採取煞車時，駕駛員感覺煞車踏板"發軟"或有彈力，各車輪不起煞車作用，即使急踩煞車踏板欲維持穩定車速，終因無煞車作用而釀成車禍。這是一種最為危險的煞車故障，這與年久的煞車故障不同，後者煞車作用完全失效的情況很少，但過度使用加之維護不善，卻會出現煞車完全失效的徵狀。

○故障原因

具體一點講，煞車系統發生汽阻，是因煞車液受熱後，煞車油液中的輕質餾分(polyglycol聚二元醇)首先蒸發，形成汽泡聚集於煞車總泵與分泵之間的煞車管路中，踩煞車踏板給總泵加壓時，油壓被汽泡所吸收，使之無法產生煞車力。

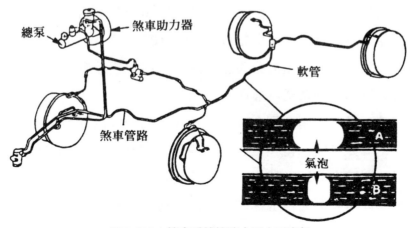

圖2-106　煞車系統管路中混入了空氣

　　煞車"發軟"現象，與煞車系統因汽阻所造成的煞車失效不同，它是因煞車管路中混入空氣而引起的煞車失效病徵。空氣是彈性體，可以壓縮，所以在踩下煞車踏板時會感覺到"發軟"，煞車"發軟"直接影響煞車油液上昇致使煞車效能降低(圖2-106)。

○故障快速排除

消除煞車失效的應急手段

　　煞車失效最快的解除辦法，可採取臨時停車的方法進行煞車散熱，煞車效果會有所改善。

　　但是，根據駕駛常識，為了避免因長時間、頻繁地使用行車煞車(即腳煞車)而導致煞車失效的情況，可充分利用引擎煞車或在汽車行駛時搶換低速檔(即利用較大傳動比)等來猛然降速以達到煞車的效果。然而，在瞬間採取駐車煞車以達到減速停車的目的，是最不應當忘記的一種應急手段。

(1)　旋出煞車總泵儲油室加油螺塞，按規定補加煞車油。

(2)　先從距總泵最遠的分泵開始放汽(圖2-107)。

(3)　旋下離煞車總泵最遠的分泵放汽閥蓋，接上根軟管，將軟管下端插入盛有煞車油的透明容器內。

(4)　放汽時，通常由兩人配合進行。一人在駕駛室內踩煞車踏板，一人守在車輪分泵處。當一人在連續踩煞車踏板直至感到"發硬"並維持踩下位置時，立即通知另一人迅速旋鬆接通軟管的煞車分泵處放汽螺絲，此時，混有白泡沫的煞車油液流入容器，直至汽泡全部排盡流出無泡沫煞車油為止，迅速旋緊放汽螺絲。若一次排不盡空氣，可重複2～3次上述作業。

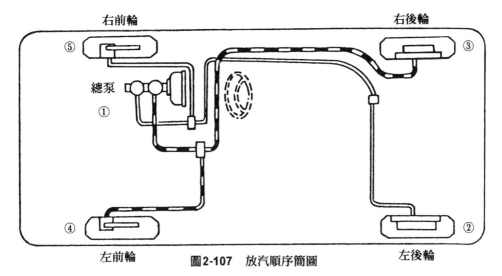

右前輪　　　　　　　　右後輪

總泵

左前輪　　圖2-107　放汽順序簡圖　　左後輪

　　注意：排汽中，總泵液面不斷下降，應及時向總泵儲液室補充煞車油。切記，從分泵剛剛剛排出的煞車油，不可馬上作補充液用，必須靜置數日之後，等泡沫消失、充分沉澱後方可使用。

行車煞車過程中的跑偏(單邊)、拖曳和噪聲

煞車單邊

○故障特徵

　　如果前輪單側煞車起作用(或稱轉向輪左右煞車力不等)而引起車輛方向失控偏離原來的行進方向，稱之為煞車單邊。煞車單邊嚴重的汽車，稍受一點側向力作用即會發生"甩尾"。駕駛員最害怕行駛中的煞車單邊。引起汽車煞車單邊徵結是煞車裝置本身。

○故障原因

　　煞車調整不良，是發生煞車單邊的根本原因。當然，除煞車裝置本身不良外，還要注意左右側輪胎壓是否一致，前輪定位是否失準等重要

因素。這裡著重與煞車裝置本身有關的原因：

- 左右輪煞車的煞車鼓與煞車來令片間隙不等或貼合面積大小不一。
- 來令片上有水和油污及來令片不良。
- 煞車分泵銹蝕致使活塞卡死失靈。
- 車輪軸承鬆動。
- 回位彈簧失效等等。

煞車拖曳

○故障特徵

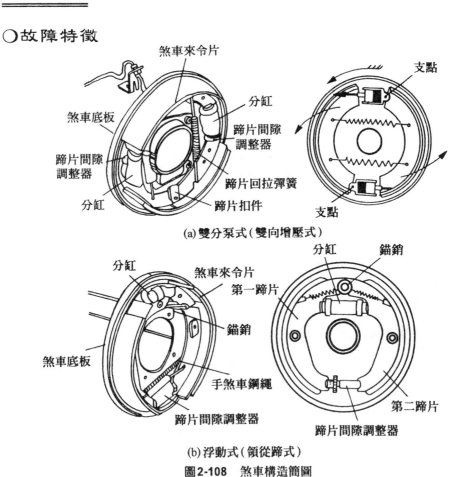

(a)雙分泵式(雙向增壓式)

(b)浮動式(領從蹄式)

圖2-108　煞車構造簡圖

行駛中，總感覺車輛運行無力，滑行距離很短，有如汽車裝載了重貨，加速跑不起來，燃油耗量增加，汽車行駛一段里程後，輪轂明顯發燙。

爲了能充分理解故障的成因，先看懂下面兩種不同型式的煞車構造示意圖(圖2-108)。

○故障原因

主要原因是煞車蹄片與煞車鼓的間隙調整不當，鬆開煞車踏板後，煞車來令片與煞車鼓仍有接觸。由於拖曳(咬死)使車輪煞車裝置自行煞車，車速自然提不高。

還有一種可能原因是，檢修車輛時，因偷工減料而未能認真地拆檢清洗分泵，結果分泵與活塞銹住，致使在解除煞車後，活塞不能迅速回位，似煞車鼓、蹄黏住一樣，導致煞車拖曳。

一般來講有單輪煞車拖曳和煞車拖曳之分，不論那種拖曳，都是安全行車的後患。

單輪煞車拖曳主要與分泵損壞、油管阻塞、回位彈簧折斷或彈力太弱、車輪軸承鬆弛、煞車蹄片黏滯在底板、煞車鼓失圓等有關。

煞車拖曳主要與總泵的活塞黏滯、煞車系統中有雜油、總泵回油孔堵塞、煞車踏板空檔太小等有關。

此外，還有因操作失誤而發生的車輪煞車拖曳，即駕駛員自己忘記鬆開駐車煞車。

煞車噪音

○故障特徵

當踩下煞車踏板時，可聽見"嘰嘰"和"哇哇"的尖銳聲響，在壞路上行駛時，會發生像煞車拖曳那樣的"沙沙"聲音。

○故障原因

煞車噪音是由煞車顫震而在裝置本身或其附近產生的不正常聲響。

"嘰嘰"作響聲是因煞車來令片表面硬化的結果。眾所周知，煞車作用力是來令片壓向煞車鼓而得到的，來令片表面硬化後，煞車時磨損加劇發出怪聲。

聽到煞車踏板附近有異響(咔噠、咔噠)，是因踏板部的桿零件的連接部鬆動，如果發現後加上熱墊圈，這種異響極易消除。

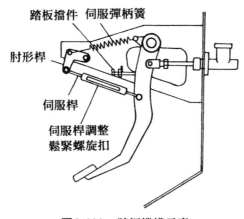

　　　　踏板擋件　伺服彈柄簧

肘形桿

伺服桿

伺服桿調整
鬆緊螺旋扣

圖2-109　踏板機構示意

此外，煞車蹄片鉚釘鬆動、煞車裝置零件鬆動、煞車鼓失圓、底板鬆脫等均是產生煞車噪音的原因。

圓盤式煞車的摩擦來令片上沾有異物後，煞車時也會發生噪聲。

○故障快速排除

(1)　經過一段長時間使用之後的煞車裝置，煞車油損失掉一些是正常的現象。但是如果需要你不斷地添加煞車油時，那就說明煞車系統肯定有了故障，必須進行檢查。

煞車油的顏色也能說明問題，煞車油看上去不能顯得太黑或有"燒焦"的現象。須知若煞車油購多久存會變質，應當需要多少就買多少，存放也要在密封有蓋的容器內，放置陰涼處。

(2)　檢查煞車裝置

煞車裝置應每行駛10000km或六個月(半年)必須檢修。前面述及幾種煞車裝置均有導致煞車單邊、拖曳和煞車噪聲等共性問題，當然，解決辦法也有集中診治的有效方法。本書在說明故障快速排除中，即採用以解決共同性問題以達"全可奏效"解決問題為出發點。

鼓式煞車檢查

(1)　拆除煞車鼓應著重注意兩點：

①　完全放鬆駐車煞車操縱桿。

②　如果煞車鼓難於拆卸，要逐漸地旋緊兩個螺栓，如圖2-110所示。

(2)　煞車來令片是否需要更換，應視其厚度是不是已超迴磨損極限(1.5mm參考)。

安裝新煞車來令片之前，要轉動螺絲直至調節器桿處於最短時為止。裝好後，調整與煞車鼓之間的間隙。

(3)　檢查分泵各零件上有無擦傷、磨損或損壞，如發現有上述任一情況，應予以更換。

(4)　實驗而知，不論在什麼情況下，均不可在拆下煞車鼓之後，再踩下煞車踏板，否則易造成分泵爆裂。

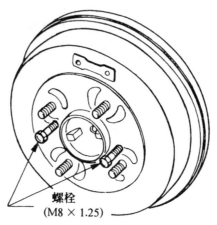

螺栓
(M8 × 1.25)

圖2-110　煞車鼓拆卸法

駐車煞車(手煞車) 檢查(圖2-111)

(1)　爲了更換駐車煞車的鋼索，有些汽車上舖設的地毯應參照圖2-112所示的區域處切割。

(2)　用錘子和衝頭，通過輕微敲擊鋼索外套的凸緣部份以安裝後鋼索。小心不要損壞鋼索，並確信安裝後無自由行程(圖2-113)。

(3)　裝有鼓式的駐車煞車，在調整操縱桿行程以前，要進行煞車蹄板與煞車鼓之間的問隙調整。方法是：

①　把車輛支起，兩後輪與地離開。

②　拉上手煞車把手到一半的位置。

③　鬆開車下平衡件叉臂的鎖緊螺帽 A ，再轉動調節器 B ，直至能感覺已經煞住兩後輪，旋緊鎖緊螺帽 A (圖2-114)。

④　釋放手煞車並檢查後輪的自由轉動狀況。

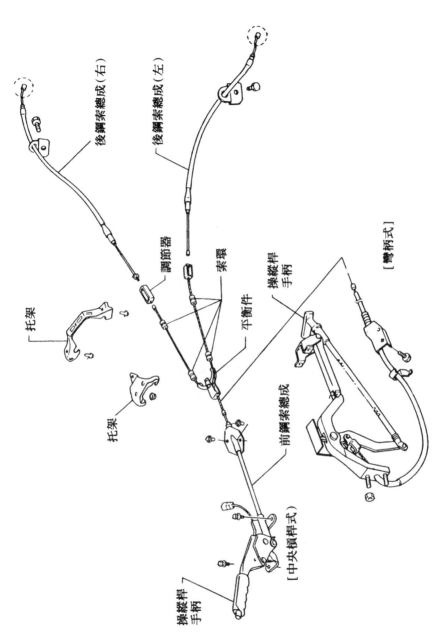

後鋼索總成（右）

後鋼索總成（左）

[彎柄式]

調節器

索環

操縱桿手柄

托架

平衡件

托架

前鋼索總成

操縱桿手柄

[中央槓桿式]

圖2-111 駐車煞車的分解圖例

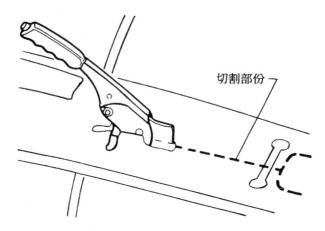

圖2-112　地毯切割部位示器

切割部份

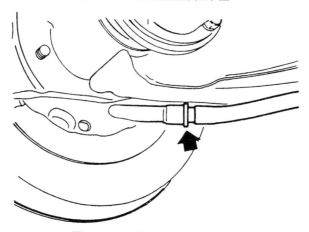

圖2-113　安裝駐車煞車後鋼索

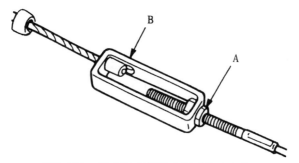

B

A

圖2-114　後車輪直接煞車型手煞車調整

⑤　用規定的力拉動操縱桿，檢查操縱桿的行程(圖2-115)，齒槽數
　　：8～9。

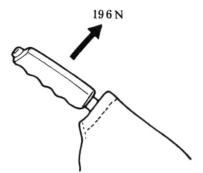

196 N

圖2-115　檢查手煞車操縱桿行程(拉量)

⑥　駐車煞車警告燈開關彎曲，以便當駐車煞車操縱桿上的棘爪被拉
　　到切槽處時，煞車警告燈亮，而當操縱桿充分放鬆時，警告燈熄
　　滅。

　　通常不同車型的齒數不同，應按照使用說明出的要求調整。

前後輪裝圓盤式煞車

⑴　拆下一隻車輪，有可能一些汽車是從卡頭上拆下一隻防鬆的夾子，
　　或有些汽車要求將卡頭都拆下來檢查摩擦來令片。

　　有些新車的來令片上裝用了一個盤式煞車指示器。當煞車時，這個
　　指示器會發出尖叫聲或使踏板震動以提醒駕駛員：煞車來令片摩擦
　　表層已磨薄了(圖2-116)。

⑵　檢查煞車圓盤，看它在旋轉時圓盤是否兩邊偏擺。檢視圓盤表面是
　　否有磨損的溝槽(非常小的溝槽是允許的)，是否由於嚴重的過熱而"
　　發藍"。

　　檢查結果必須拆修，按下方法進行(圖2-117)：

①　拆下銷子螺栓(圖2-117(a))。

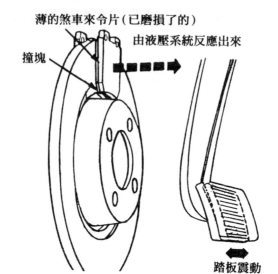

薄的煞車來令片(已磨損了的)

由液壓系統反應出來

撞塊

踏板震動

圖2-116　煞車時踏板的震動

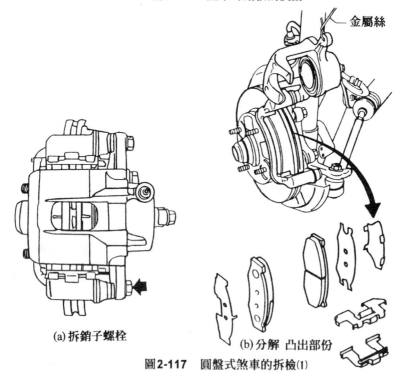

金屬絲

(a)拆銷子螺栓

(b)分解 凸出部份

圖2-117　圓盤式煞車的拆檢⑴

② 向上打開缸體，然後拆下襯塊護板內襯墊和外襯墊(圖2-117(b))。

注意：當打開缸體時，不要踩煞車踏板，否則活塞會蹦出。小心不要損壞活塞的罩套，或使圓盤沾上機油。

拆下承扭構件的固定螺栓和聯接螺栓；將煞車軟管牢靠地安裝到卡頭上；設法取出活塞(圖2-118(a)、(b)、(c))。

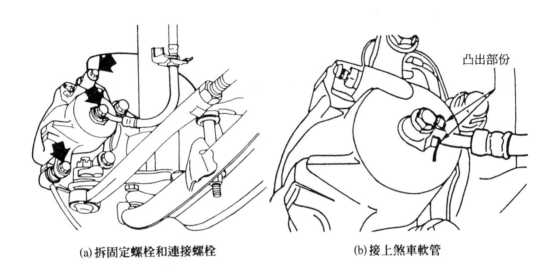

(a)拆固定螺栓和連接螺栓　　　　　　(b)接上煞車軟管

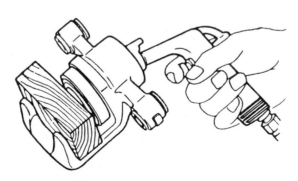

(c)用壓縮空氣推出帶防塵密封件的活塞
圖2-118　圓盤式煞車的拆檢(2)

③ 檢查煞車的"咬死力"(煞車效果)

· 向上打開缸體。

· 測量旋轉力(F_1)。

· 把卡頭安裝到原來的位置。

· 踩下煞車踏板5秒鐘。

· 放鬆踏板，使煞車圓盤旋轉10轉。

· 測量旋轉力(F_2)。

· 計算煞車的咬死力：

$$F_2 - F_1 = 103 (N) \qquad (僅為參考)$$

如果咬死力不在廠家技術規定值(《使用說明書》或《維修保養手冊》)內，檢查銷子和卡頭中的銷罩(圖2-119(a)、(b))。

· 確定車輪軸承已經正確地調整好。

· 摩擦來令片和煞車圓盤應乾燥。

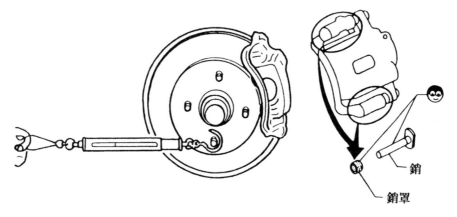

(a) 測量旋轉力(F_1、F_2)   (b) 檢視銷子和銷罩

圖2-119 檢查圓盤式煞車的煞車力

④ 檢查來令片是否磨損或損壞，一般摩擦來令片的磨損極限(A)為2.0mm(圖2-120)。

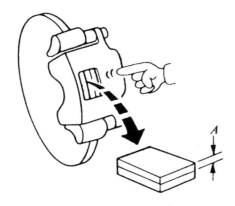

圖2-120　檢查圓盤式煞車的摩擦來令片

⑤　檢查泵體內表面是否存在刻痕、銹蝕、磨損、損壞或有雜質。如果發現上述任一情況，需更換泵體。

由於外來雜質的銹蝕引起的微小損傷，可用細號的砂紙磨光來將其修整。必要時更換泵體。注意：應使用煞車油清洗泵體內部，千萬不可用礦物油。

⑥　檢查活塞上有無刻痕、銹蝕、磨損、損壞或雜質。如發現上述任一情況予更換。注意：活塞的滑動表面是電鍍的，即使有銹痕或雜質黏在上面，也不可用砂紙打磨。

⑦　檢查滑動銷、銷子螺栓和銷罩有無磨損、破裂或其他損壞。如發現上述任一情況，應予更換。

煞車助力器

(1)　調　整

①　用煞車助力器輸入桿來調整踏板的自由高度，然後旋緊鎖緊螺帽。要確認輸入桿的端頭留在裡面(圖2-121)。

②　分別地調整間隙C_1(待停車燈開關時)和C_2(待自動速度控制裝置開關時)，然後鎖緊鎖緊螺帽(參閱圖2-104)。

③　檢查踏板的自由行程，要確認踏板鬆開後，停車燈減掉。

④　在引擎運轉時，檢查煞車系統有無洩漏、存儲空氣或有無被檢部件損壞(如總泵、分泵)，如有需要進行修理或更換。

⑤　不要調整輸出桿長度(圖2-122)。

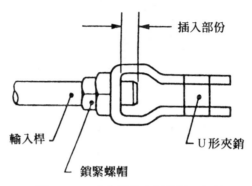

插入部份

輸入桿

鎖緊螺帽

U形夾銷

圖2-121　助力器輸入桿的插入部份

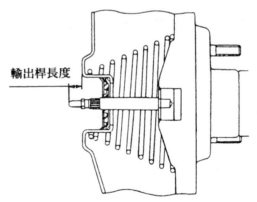

輸出桿長度

圖2-122　煞車助力器輸出桿長度不要隨意調整

(2)　排汽終了，應妥善地旋緊閥蓋，進行行車煞車的檢驗。

①　檢驗方法

・　在引擎停止運轉時踩下煞車踏板數次，然後檢查踏板行程有無變化。
踩下煞車踏板，然後起動引擎，如果踏板稍微地下降，則可認為煞車工作正常(參閱圖2-123)。

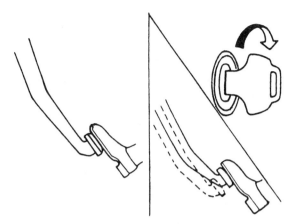

圖2-123　停止和起動引擎時的踏板情況

② 汽密檢查

・ 起動引擎，然後在1～2分鐘內使其停止運轉。緩緩地踩下煞車踏板數次。如果第一次踏板進一步下降，第二或第三次以後則逐漸上昇，則說明煞車助力器是汽密的。

煞車系統的維修保養週期

○煞車系統故障現象及其起因

　　汽車煞車系統的作用，是減低汽車行速，並根據路況需要在短距離內迅速停車。但是煞車系統有了故障，就會降低煞車作用，造成單邊(跑偏)、煞車距離拖長等故障，甚至完全地失去煞車作用，嚴重影響行車安全。因此，作為一個有責任心的駕駛員，平時一定要認真保養好煞車系統，發現故障起因應及時予以排除，確保煞車的靈敏可靠。出現了故障，應迅速和正確地診斷出引起故障的主要原因，儘快檢修好，這點提示，你可不能輕視。無論什麼樣的汽車，煞車系統的各部裝置的作用原理、構造等均大同小異，正因為有許多共性，所以，對煞車系統的主要問題，有如表2-10諸項現象。

表2-10　煞車系統故障現象、原因及其解決方法

故障現象	產生原因	解決方法
煞車踏板"嚇"地一下踩到駕駛室地板	・系統中某處有洩漏。 ・煞車失調。	・檢查／調準煞車油位，檢修全系統。 ・檢查煞車自動調整器。
煞車踏板發軟	・煞車系統中有空氣。 ・煞車油受污。	・放掉煞車管路中的空氣。 ・放油，重新加滿並放汽。
煞車踏板有彈性	・煞車調整不當。 ・煞車來令片磨損。 ・煞車管路扭曲。 ・煞車肋力器有缺陷。 ・引擎真空度低(動力煞車)。	・調整煞車。 ・檢查來令片的磨損。 ・將有缺陷的煞車管路更換，將扭結的管路復原。 ・檢修助力器。 ・檢查引擎真空度。
踩下煞車踏板後，煞車力嚴重不足	・系統中有空氣。 ・煞車油不合規格。 ・總泵和分泵漏油。 ・煞車管路洩漏。	・放汽。 ・檢查煞車油液。 ・檢查是否有零件損壞。 ・檢查。
煞車過程中，車輪單邊或"鎖死"	・輪胎壓不一致。 ・煞車來令片有污。 ・煞車來令片磨損。 ・卡頭鬆動或失調。 ・比例閥失效。 ・前輪定位不當。	・檢查／校正胎壓。 ・檢查是否有油污，有則更換。 ・更換。 ・檢查卡頭的緊固裝置。 ・檢查。 ・校準。
煞車時踏板震動，車身發顫	・來令片磨損。 ・煞車鼓失圓。 ・煞車圓盤搖擺。 ・煞車鼓有熱裂縫。	・檢查厚度。 ・磨削煞車鼓或來令片。 ・檢查是否過分擺動。 ・檢查，必要時換新。
煞車有明顯的噪聲	・煞車來令片磨損。	・檢查，過度磨損更換。
煞車"鎖死"	・卡頭發鬆。 ・卡頭防鬆彈簧失落。 ・煞車鼓或煞車圓盤擦傷。 ・煞車調整錯誤。 ・駐車煞車咬死或調得過緊。 ・卡頭、活塞咬住。 ・總泵失效。 ・煞車回位彈簧斷裂。	・檢查卡頭固定裝置。 ・檢查，確認後裝新簧。 ・輕微擦傷可用砂紙打磨。 ・檢查，重新調查。 ・檢查鋼索作動情況，冬季煞車底板處有水冰凍。 ・檢查卡頭。 ・檢修總泵。 ・換新簧。

◯圖解煞車裝置保養週期

汽車煞車如能按以下時限進行保養，就能有效地工作(圖2-124)。

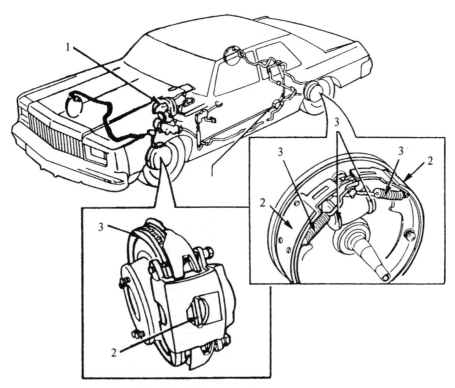

1-檢查煞車油平面*	每1600km 或1個月
2-檢查煞車來令片狀況*	每10000km 或半年
3-檢查分泵、回位彈簧、卡頭、	
煞車鼓和煞車圓盤	每10000km 或半年
4-調整駐車煞車裝置*	按需要隨時可行

*說明：如果車輛使用狀況惡劣，則保養週期應予減半。

圖2-124　圖解汽車煞車系統保養週期

煞車系統的調整程序

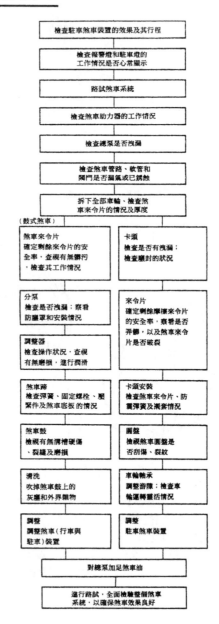

檢查駐車煞車裝置的效果及其行程

檢查報警燈和駐車燈的
工作情況是否心常顯示

路試煞車系統

檢查煞車助力器的工作情況

檢查總泵是否洩漏

檢查煞車管路、軟管和
閥門是否漏氣或已銹蝕

拆下全部車輪、檢查煞
車來令片的情況及厚度

（鼓式煞車）

煞車來令片
確定剩餘來令片的安
全率，查視有無髒污
，檢查其工作情況

卡頭
檢查是否有洩漏；
檢查廳封的狀況

分泵
檢查是否洩漏；察看
防塵罩和安裝情況

來令片
確定剩餘摩擦來令片
的安全率，察看是否
弄髒，以及煞車來令
片是否破裂

調整器
檢查操作狀況，查視
有無磨損，進行潤滑

煞車蹄
檢查彈簧、固定螺栓、壓
緊件及煞車底板的情況

卡頭安裝
檢查煞車來令片、防
震彈簧及襯套情況

煞車鼓
檢視有無溝槽硬傷
、裂縫及磨損

圓盤
檢視煞車圓盤是
否刮傷、裂紋

清洗
吹掉煞車鼓上的
灰塵和外界雜物

車輪軸承
調整游隙；檢查車
輪運轉靈活情況

調整
調整煞車（行車與
駐車）裝置

調整
駐車煞車裝置

對總泵加足煞車油

進行路試，全面檢驗整個煞車
系統，以確保煞車效果良好

❏輪胎磨損後的輪胎形狀及原因

　　汽車行駛故障大多與輪胎的技術狀況密切相關，有經驗的駕駛員都懂得這個道理。

　　現在汽車上使用無內胎的高速輪胎已日漸廣泛，這種輪胎在扎穿孔時，汽車仍能安全地繼續行駛。但在高速公路上行駛時發生高速輪胎爆破事故時，汽車將會喪失平穩而釀成嚴重車禍。

　　車輪轉動時，輪胎直接承受來自路面的阻力，因此，行駛里程越長，胎面的磨損就越嚴重，輪胎的磨損形式也多種多樣。根據觀察到的各種磨損狀況，便可得知汽車的"健康"程度。

引起輪胎磨損的若干原因

　　輪胎是汽車上重要而又最易被駕駛員忽視的部件。凡與駕駛有關的問題，如起步、行駛、煞車等都與輪胎有關係。由於輪胎狀況的好壞對駕駛的靈活性和安全性至關重要，因此，掌握有關輪胎的基本知識及防止輪胎早期磨損，將有助於節省開支和安全駕駛。

　　輪胎磨損主要為以下原因所致：

(1)　胎壓過高(或稱過量充氣)。

(2)　胎壓不足(或稱充氣不足)。

(3)　各輪胎壓不一致。

(4)　車輪定位不符合規定。

(5)　輪胎未能按規定及時換位等等。

輪胎磨損現象

　　輪胎在使用中的偏磨損，與胎壓、前輪定位、超載等原因有關。不同原因導致輪胎不同的偏磨損部位及形狀，因此根據磨損情況，便可得知車輛的技術狀況,圖2-125充分說明輪胎偏磨損與車輛技術狀況失效的關係。

圖2-125中"胎面外側的鏟狀磨損",就是車輪平衡不良或避震器不良等原因引起的。為此,應認真執行輪胎的定期換位或嚴格車輪平衡調整作業。

扎破、異常磨損(早期磨損、某部位的偏磨)、裂痕、輪圈斷裂及拱曲等,最易引起輪胎故障,其原因分述如下。

(1) 胎壓不足

胎壓不足的輪胎,僅憑外觀檢視便一目了然。胎壓嚴重不足時,外胎會在輪圈上簾動,內胎很快損壞(參閱圖2-126)。

經驗證明,胎壓不足,汽車行駛時油耗大幅度增加,另外輪胎也很容易發熱。由於胎溫增高,導致外胎脫層、簾布層(ply)分離,特別在重負荷、高速和壞路上行駛,胎溫昇高更為顯著,輪胎常常發生過熱爆裂。當胎肩嚴重磨損、車速超過某一速度時,將會發生"駐波"現象*,或雨天發生"水滑"現象**,以而招致車禍。

(2) 胎壓過高

輪胎充汽壓過高,不僅破壞乘坐舒適性,而且由於輪胎的接地面積小,單位接地面積的壓力增大,使得胎冠中央部位加劇磨損,胎體內的纖維線受到過度應力,當汽車駛過障礙物時,將不能承受高負荷而易斷裂。但最為令人駭怕的是汽車行駛穩定性下降、駕駛條件惡化(增加駕駛員的疲勞和造成神經緊張),也是煞車時煞車力不足的一個重要原因。

---

* "駐波"現象:通常滾動阻力隨車速增加而增加,一旦超高某一速度時,滾動阻力值的增加更為顯著。如果此時輪胎氣壓極低,輪胎在接地部的變形還沒復原時,便接著又在新的接地部位發生變形,輪胎經常在鬆弛狀態下運轉,以致在胎面上留下波紋,這種現象叫"駐波"。

** "水滑"現象:汽車在乾燥路面上行駛,即使車速提高,摩擦係數幾乎無變化,而在潮濕路面上行駛,摩擦係數則隨速度增加而急劇變小,高速時(70~800km/h),輪胎與路面間的積水不能排盡,水的阻力會使車輪上浮,嚴重時(>80km/h),產生"水滑"現象。

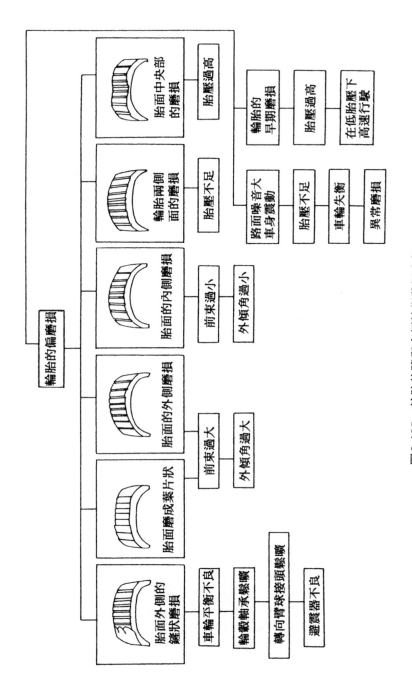

圖 2-125　輪胎故障與車輪技術狀況表解

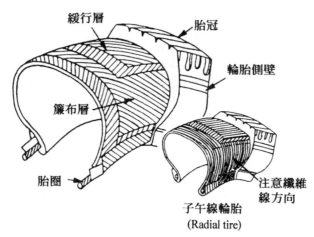

緩行層　　胎冠

輪胎側壁

簾布層

胎圈　　注意纖維線方向

子午線輪胎
(Radial tire)

圖2-126　輪胎的結構

(3)　各輪胎壓不一致

　　最嚴重的情況是左右輪胎不一致。左右輪胎壓不一致，會招致操縱失控，影響汽車的直線行駛；煞車時，因左右輪煞車力不均衡，致使汽車朝向煞車力較強的一側滑移。

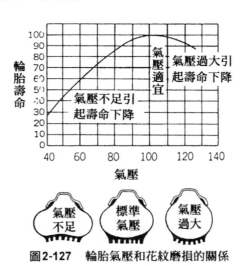

輪胎壽命

氣壓適宜

氣壓過大引起壽命下降

氣壓不足引起壽命下降

氣壓

氣壓不足　　標準氣壓　　氣壓過大

圖2-127　輪胎氣壓和花紋磨損的關係

　　輪胎的標準充氣壓，按車型和輪胎規格有所區別，而且在大氣溫度不變的條件下，高速行駛與一般行駛時的充氣標準是不同的，但是，實際上都將胎壓充到高速行駛時的充氣壓力。

　　圖2-127是胎壓與輪胎壽命的關係曲線圖。

(4)　轉向車輪定位不符合規定

　　轉向車輪的穩定主要與轉向車輪和主銷的裝配角度有關，其次與輪胎的橫向彈性有關。前輪定位調整不當，不僅會引起輪胎的異常磨損，而且對行駛安全也很不利，行駛中車輪稍受外力作用，時常會出現前輪的擺震(方向盤抖動、朝一方"奪"方向盤)、方向盤回正不良、轉向操縱力增大以及煞車單邊等異常情況，這是一種重症。

(5)　輪胎換位

　　輪胎是一種消耗品，使用一段時間後，應予以更換。但是，四輪(此處係指小客車)同時更換很不經濟，合理的作法應是以一個備用胎與另外四個輪胎進行定期換位，交替使用，從而延長輪胎的使用壽命。通常，輻射層輪胎(radial tire)與普通斜交輪胎(bias tire)的換位方法不同，圖2-128所示為輪胎換位舉例。

輪胎磨損標記

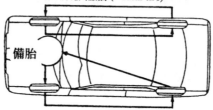

輻射層輪胎 (Radial tire)

備胎

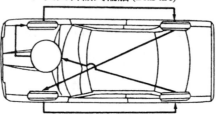

交叉斜纖式輪胎 (Bias tire)

圖2-128 輪胎換位舉例

圖解輪胎異常磨損後形狀及原因

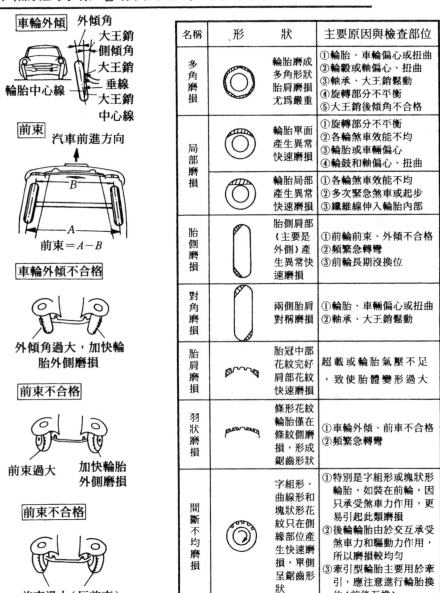

名稱	形　　狀	主要原因與檢查部位
多角磨損	輪胎磨成多角形狀胎肩磨損尤為嚴重	①輪胎、車輪偏心或扭曲 ②輪轂或軸偏心、扭曲 ③軸承、大王銷鬆動 ④旋轉部分不平衡 ⑤大王銷後傾角不合格
局部磨損	輪胎單面產生異常快速磨損	①旋轉部分不平衡 ②各輪煞車效能不均 ③輪胎或車輛偏心 ④輪鼓和軸偏心、扭曲
	輪胎局部產生異常快速磨損	①各輪煞車效能不均 ②多次緊急煞車或起步 ③纖維線伸入輪胎內部
胎側肩磨損	胎側肩部（主要是外側）產生異常快速磨損	①前輪前束、外傾不合格 ②頻繁急轉彎 ③前輪長期沒換位
對角磨損	兩側胎肩對稱磨損	①輪胎、車輛偏心或扭曲 ②軸承、大王銷鬆動
胎肩磨損	胎冠中部花紋完好肩部花紋快速磨損	超載或輪胎氣壓不足，致使胎體變形過大
羽狀磨損	條形花紋輪胎僅在條紋側磨損，形成鋸齒形狀	①車輪外傾、前車不合格 ②頻繁急轉彎
間斷不均磨損	字組形、曲線形和塊狀形花紋只在側緣部位產生快速磨損，單側呈鋸齒形狀	①特別是字組形或塊狀形輪胎，如裝在前輪，因只承受煞車力作用，更易引起此類磨損 ②後輪輪胎由於交互承受煞車力和驅動力作用，所以磨損較均勻 ③牽引型輪胎主要用於牽引，應注意進行輪胎換位（前後互換）

圖2-129　異常磨損的輪胎形狀和原因

輪胎狀況的檢查

○輪胎狀況的檢查內容

(1)　當發現胎面磨損標記時，應換上新輪胎(圖2-130)。

(2)　檢查胎面和胎側有無裂紋、孔洞、分離或損傷(圖2-131)。

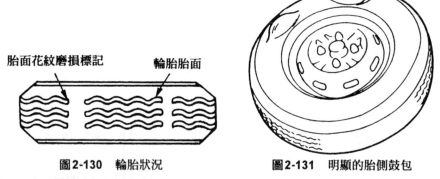

胎面花紋磨損標記　　　輪胎胎面

圖**2-130**　輪胎狀況　　　　圖**2-131**　明顯的胎側鼓包

(3)　檢查輪胎氣門嘴是否漏氣。

(4)　在輪胎冷態時測量輪胎的氣壓。輪胎氣壓應當符合使用說明書有關輪胎規格的規定。

(5)　查明不正常輪胎磨損的起因並予以處理(圖2-132)。

磨損狀況	可能的原因	處理的措施
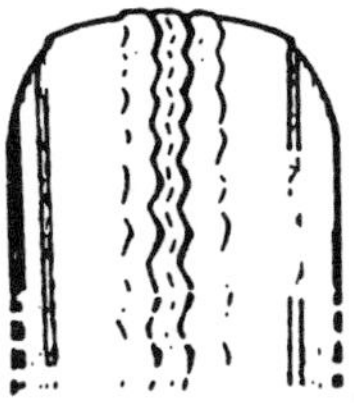 肩部磨損	·充氣不足（兩側磨損） ·車輪外傾角不對（單側磨損） ·轉彎過急 ·缺乏換位	·測量並調整氣壓 ·修理或更換車軸、懸吊零件 ·降低車速 ·應定期輪胎換位
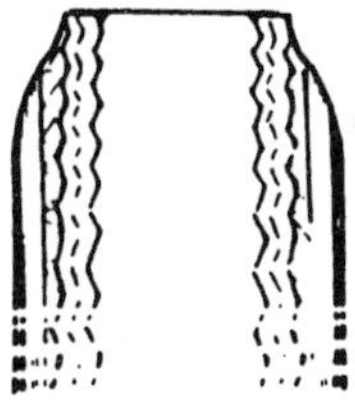 中間磨損	·充氣過足 ·缺乏換位	·測量並調整氣壓 ·應定期輪胎換位
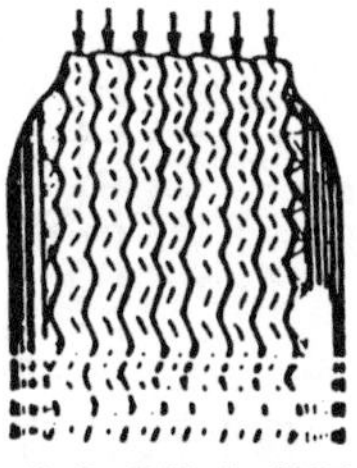 前束或後束磨損	·前束或後束不正確	·調整
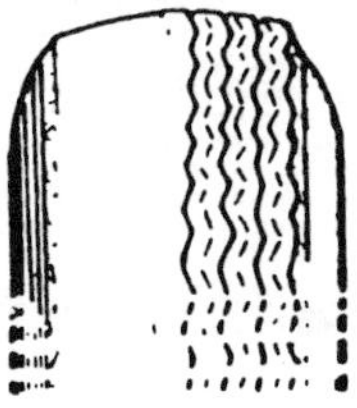	·外傾角或大王銷後傾角不正確 ·懸吊出故障 ·車輪不平衡 ·煞車鼓失圓 ·其他機械問題 ·缺乏換位	·修理或調整車軸或懸吊零件 ·修理或更換，必要時重新安裝 ·平衡或更換 ·修理或更換 ·修理或更換 ·應定期輪胎換位

圖2-132　輪胎過度磨損的原因與處理

○輪胎更換注意要領

(1) 任何情形下不能混用不同類型的輪胎。

(2) 更換與正在使用中車輛相同尺寸的輪胎。

(3) 要用原廠推薦的輪胎和車輪。

(4) 不得使用不同牌號或胎面花紋不一樣的輪胎。

(5) 當以選用的推薦規格或不同直徑的輪胎去替換原配輪胎時,應重新校準里程錶。

(6) 用輪殼夾持器安裝車輪(圖2-133、圖2-134)。

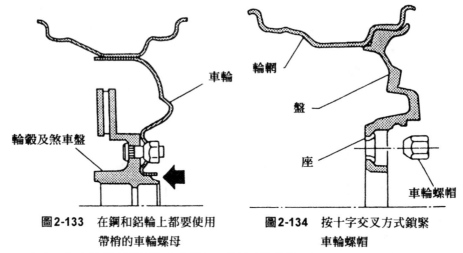

圖2-133　在鋼和鋁輪上都要使用　　　圖2-134　按十字交叉方式鎖緊
　　　　　帶梢的車輪螺母　　　　　　　　　　車輪螺帽

(7) 小心不要將潤滑脂塗在螺栓、螺帽的螺紋上以及螺帽支承面上。

(8) 在更換輪胎時,要特別注意不要損壞胎緣、輪圈突緣和輪圈座。

(9) 安裝輪胎時:

　① 裝上氣門芯,充氣到適當的氣壓。檢查輪胎擋圈,看其是否套在輪圈兩邊的突緣上。

　② 充氣後,檢查氣門是否漏氣。

　③ 一定要將氣門帽用手牢牢地旋緊。

充氣時值得注意的問題：

　　爲避免發生嚴重的人身傷害事故，充氣時，不要站在輪胎上方，充氣壓力不得超過2.8kgf/cm²(275kPa，指小轎車，並嚴格而靈活地遵守所用車型使用說明書的規定)。如果在此壓力下胎緣仍不能裝上座，應放氣，將它潤滑後再充氣。如果輪胎充氣過足，胎緣會破裂，可能引起嚴重的人身傷害事故。

○車輪檢查

(1)　檢查輪圈(特別是輪圈突緣和胎緣座)有無銹蝕、變形、裂紋或其它損壞。

(2)　出現下列任一情況時均應更換車輪：

　　①　彎曲、壓痕或嚴重銹蝕。

　　②　螺栓孔變長。

　　③　焊縫漏氣。

　　④　車輪螺帽不能固定鎖緊。

第三章

汽車電氣設備
的故障快速排除

（一）車身電氣裝置的故障快速排除

❑蓄電池故障與耗電情況的判斷

　　現代汽車電氣設備是一個很複雜很重要的系統，它像人體神經系統一樣，直接與汽車的"心臟"——引擎連繫著。因此，"汽車電系故障是汽車故障中居於首要的故障"之說法並非過分。對於初學駕駛的人來說，由於缺乏駕駛經驗和電學知識，一旦遇到汽車電氣裝置出了故障，會感到很棘手。

　　電氣設備方面的故障幾乎都是因一些意外和單一的原因造成的。診斷電氣設備方面是否出現故障，有以下五項基本要點：

⑴　蓄電池是否放電？

⑵　保險絲斷了沒有？

⑶　接線樁等處的接線是否連接不良？

⑷　接地(搭鐵)是否可靠？

⑸　電氣元件是否損壞？

　　只要遵循上述五項認真檢查，可以說各種電氣故障幾乎都能得以解決。

　　將與車身有關的電氣設備，例如照明燈、開關、雨刷、車窗清洗器、儀錶等電氣設備的一根根單線(指連接負載與電源的導線)集成總線束，將電路匯集在一起。因此，一處發生了故障，由於電路互相連接，有時尋找故障所在非常麻煩。

　　尤其是一些安裝在電路裡與電流負荷有關的元件發生故障時更難辦，即或是專家也難於處理。

　　所以說，駕駛員能夠應付、自行檢查的範圍，大致限於上的五個項目。

○故障特徵

　　起動馬達不轉、喇叭不響、頭燈不亮……等等。因為汽車停駛時，引擎的全部電氣設備都由蓄電池電能驅動；引擎正常工作時，用電設備所需要的電能主要由發電機供給，所以，蓄電池失效，汽車也就成了廢物。電氣設備的多半故障是由於駕員平時對設備保養不善所致。切切注意，對電氣設備的日常維護，比什麼都有效。

　　汽車的一般電氣系統參見圖3-1。

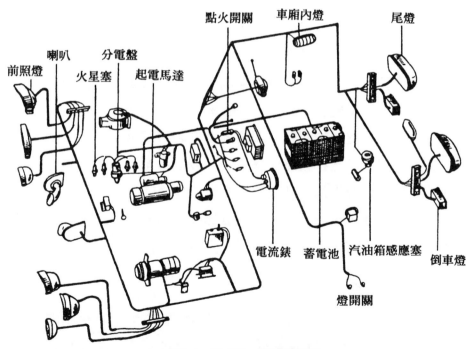

圖3-1　汽車的一般電氣系統

○故障原因

屬於蓄電池故障的原因雖然是各種各樣的，但最爲一般的原因有：

⑴　蓄電池電能消耗盡。

⑵　導線接觸不良。

⑶　電極樁頭部髒污。

⑷　發電機皮帶打滑。

⑸　充電系統有故障。

⑹　由於安裝耗電的附件，蓄電池超負荷。

⑺　夜間行駛時間過長等等。

　　蓄電池本來是一種消耗品，按照一般使用條件，其壽命爲2～3年，在長期夜間行車條件下，蓄電池的使用壽命將縮短。

　　蓄電池的故障前兆通常表現有以下幾種徵狀：頭燈很暗、引擎轉速提高後燈光變亮、電流錶指針總是偏向"＋"號一邊等。如果出現上述徵狀，表明蓄電池的電能已經耗盡，應立刻更換蓄電池。

　　然而，還會有這樣的問題，即剛剛換上的蓄電池，沒用多久就出了故障。這種情況，多數是因爲保養不善，致使蓄電池自然放電太快，或者電解液不足，極板損傷，結果導致電池工作中斷。

　　近來的蓄電池，雖然大多數是免維護型蓄電池，但"免維護"並非是放任不管就萬事大吉，假如胡亂使用，也會發生故障。

○故障快速排除

⑴　蓄電池的檢查由電解液容量開始，從蓄電池側面看(係透明塑料製品)，如果電解液在標準水平面以上，則爲正常。若電解液不足，

可把蓄電池加注口塞全部取下，一邊看著液面一邊補充。

⑵　其次，測量蓄電池容量。單從容量也能判斷出蓄電池的好壞。方法很簡單，可以從頭燈的明暗、喇叭聲音的大小或起動馬達轉速等方面予以判斷。

⑶　如果不放心，用比重計測量電解液是最可靠的方法。具體方法是把蓄電池加液口蓋取下，垂直地將比重計插入注液口，平穩地汲取電解液，而後讀取浮子玻璃表面與液面接觸的刻度(圖3-2)。

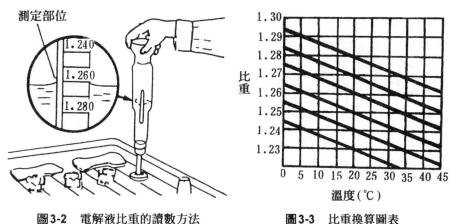

圖3-2　電解液比重的讀數方法　　圖3-3　比重換算圖表

⑷　在蓄電池的故障中，最易被人們忽視的是導線接觸不良。蓄電池充電裝置若有導線接觸不良，會造成蓄電池充電不足。

⑸　由此，檢視蓄電池電極樁頭，視其是否接觸不良或有污垢。電極樁頭髒污後，因為通過污垢會產生放電，因此一定要將蓄電池電極樁頭清掃乾淨(參見圖3-4)。

⑹　電極樁頭接觸不良時，首先用扳子將負極樁頭的螺絲鬆開，然後用手鉗夾住導線接頭，一邊左右轉動，一邊摘下。這是為在檢查蓄電池作業中不致發生短路情況所必須採取的步驟。

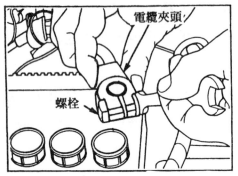

1.鬆開蓄電池電纜夾頭，記住不要搞錯極性。

2.從蓄電池接線柱上取出電纜夾頭。
（不要等蓄電池徹底報廢了才換新）

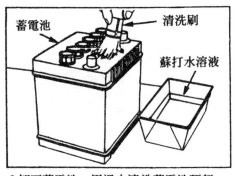

3.卸下蓄電池，用溫水清洗蓄電池頂部。

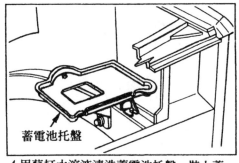

4.用蘇打水溶液清洗蓄電池托盤，裝上蓄
電池，拴上夾子，一定要可靠落位。

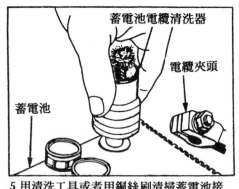

5.用清洗工具或者用銅絲刷清掃蓄電池接
線柱。

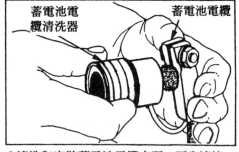

6.清洗和安裝蓄電池電纜夾頭，要先連接
正極電纜（通向起動馬達的那一根）。在
每一個接線柱和夾頭上塗上一層薄薄的
凡士林以防腐蝕。

圖3-4　清洗蓄電池電極樁頭

⑺　用螺絲起子等手工具或砂紙，把蓄電池正負兩電極樁頭外部和導線
　　接頭的髒物去除乾淨，導電性即可變好。

⑻　檢查發電機皮帶張緊度是否合適。因為皮帶鬆弛後，不能帶動發電
　　機可靠運轉，因此會引起蓄電池發生故障。

⑼　檢查交流發電機的輸出端、套筒式接頭、調節器的接頭是否鬆動或
　　接觸不良。

⑽　上述各項檢查之後，把蓄電池正負極樁頭準確無誤接通，作業即告
　　完成。安裝作業應從正極端開始。

蓄電池的一般充電方法

　　在加油站等地方用快速充電機進行充電，雖然是最省事和迅速的方
法，但是次數多了以後會損壞極板，因此下面介紹一般的充電方法。

⑴　把蓄電池留在車上進行充電時，必須把蓄電池負極樁頭的接線取
　　下。以保護矽整流交流發電機不致損壞。

⑵　將蓄電池蓋全部打開，電解液不足時要予以補充。

⑶　把市售充電器的⊕端與蓄電池的正極相聯；⊖端與負極相聯，接通
　　電源後即可進行充電。大約10小時左右即能充足電。

⑷　充電結束後，將蓄電池注液口蓋一一重新旋緊，髒污處務必擦拭乾
　　淨，充電作業的全過程即告完成。此外，在充電過程中，因為會有
　　氫氣(H_2)發生，所以絕對不得靠近火源。

❑汽車燈具、暖冷氣設備的故障快速排除

　　汽車於行駛過程中，雖會有方向指示燈不亮，大燈不亮、喇叭不響
等各種電氣裝置方面的故障，但是如果掌握了前述五項診治電氣設備故

障的基本要點的話，排除上述故障都不是怎麼困難的作業，甚至格外簡
便。

　　現在假定轉向信號燈不閃光了，就此故障，介紹一下故障快速排除
要領。

○故障快速排除

(1)　試鳴喇叭是否響和試啓動起動馬達是否運轉。如果喇叭聲很響，起
　　動馬達也能帶動引擎運轉，則可判明蓄電池正常。

(2)　打開保險絲蓋，檢查電路系統。因為此時故障是轉向信號燈不閃
　　光，所以要檢查該保險盒中由上數第三個保險絲管(圖3-5)。

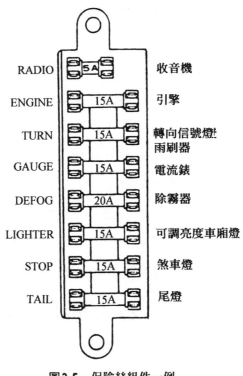

RADIO	5A	收音機
ENGINE	15A	引擎
TURN	15A	轉向信號燈 雨刷器
GAUGE	15A	電流錶
DEFOG	20A	除霧器
LIGHTER	15A	可調亮度車廂燈
STOP	15A	煞車燈
TAIL	15A	尾燈

圖3-5　保險絲組件一例

保險絲是否燒斷，可憑目視發現(參見圖3-5)。另一種方法是由於經過這個保險絲的電器還有雨刮器，因此接通雨刮器開關後，若雨刮器動作，則說明轉向燈與雨刮器共用的那根保險絲並未燒斷，如果再檢查一下保險絲前面的線路(即從轉向燈→保險絲那段電路)，主要是**繼電器電路**是否斷路或接觸不良、或開關不良、燈泡本身壞掉等情況，即可找到故障所在(圖3-6)。

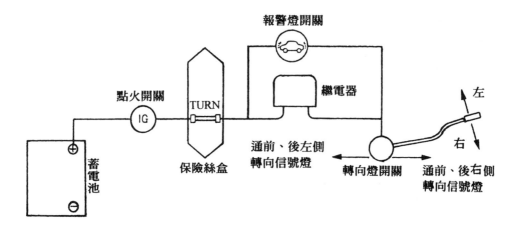

圖3-6　轉向信號燈電路

⑶　電路中的導線，按表3-1所示塑料線的顏色，能很容易把各種電器電路分開(圖3-7)。

　　各種導線的端頭都用上述的插頭或接線柱與各種電器相連，若這些連接部位緊固不良，例如插頭鬆動，它們的接觸電阻增加，導電性能變壞，各種電器的工作必然受到影響(參閱圖3-8)。

⑷　斷路故障可用檢驗燈進行檢查。即在被試驗的線路與接地之間用導線接上檢驗燈，視燈泡是否能亮來判斷。

表3-1 電路的導線類別

電　　　　路	基礎色	輔助色	輔助基礎色	電線頭的著色 尼龍套管
起動、點火電路	B(黑)	W．Y		W．R
充電電路	W(白)	B．R	Y	
照明電路	R(紅)	W．B．Y．G．L	Lg(青草嫩綠) Br(茶)	B．Y
信號電路	G(綠)	W．B．Y．G．L		B．G
儀錶電路	Y(黃)	W．B．G．L．R	Y．R．Br	
其他電路	L(藍)	W．B		R．Y
接地電路	B(黑)			

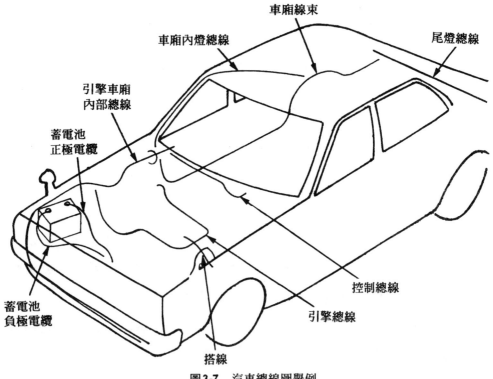

圖3-7 汽車總線圖舉例

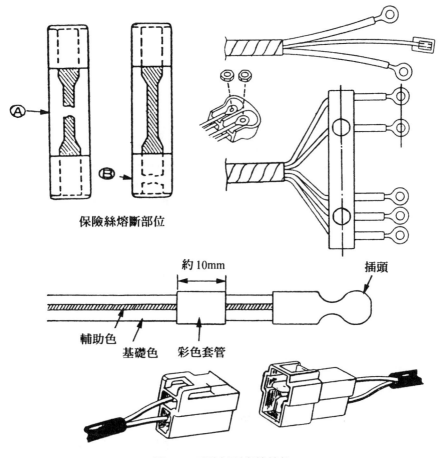

保險絲熔斷部位

約10mm

輔助色

基礎色　彩色套管

插頭

圖3-8　電線插頭與接線柱

(5)　由於在汽車上隨意安裝電器，保險絲燒斷，產生導線發熱或斷路故障。這同在家中使用家用電器是同樣道理，導線電流超過容量就會發生意外。

(6)　另外，接地好壞也很重要。這種故障一般可用檢驗燈進行檢查，蓄電池等接地部位(蓄電池電極樁頭)是否鬆動，只需用手去活動一下即可得知。蓄電池接地不良，即使它充電容量充足，也會在起動馬達帶動引擎起動時造成困難。

(7)　單側頭燈不亮時，一定是左右有一邊燈泡燒毀或繼電器開關不良。
如果確實是燈泡燒毀，可按圖3-9(a)所示的方法進行更換。

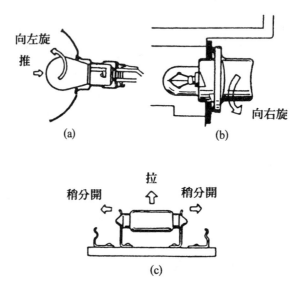

圖3-9　燈具的更換方法

下面是幾種燈具的分解圖(圖3-10)。

(8)　為了保證安全行車，在汽車上必須裝有照明設備。汽車照明設備包
括：頭燈、煞車燈、尾燈、警告燈等等。其中煞車燈最為重要，因
為煞車燈不亮所引起的事故率是相當高的。
踩下煞車踏板後，車尾兩側煞車燈不亮時，可按電路檢查五項要點
首先檢查保險絲。以圖3-5中保險絲盒為例，可檢查倒數第二個有"
STOP"標記的煞車燈保險絲是否燒斷。
如果檢查結果該保險絲完好而燈不亮時，可將連接器直接相連後試一下。若燈泡亮了，無疑是煞車燈開關不良或線路有故障。煞車燈開關參見圖3-11。

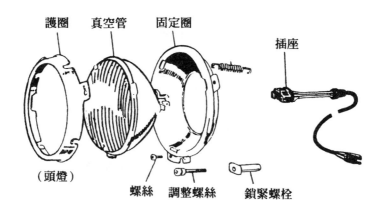

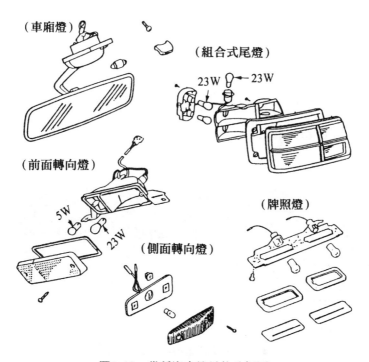

圖3-10　幾種汽車燈具的分解圖

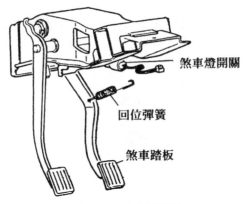

圖3-11　煞車燈開關

　　左右煞車燈出現一側不亮時，肯定是不亮那邊的燈泡燒毀或接地不良。

暖氣設備故障快速排除

　　汽車暖氣設備一般用溫水式發熱器，暖氣設備失效故障是很容易感受到的。

　　暖風器故障原因可以從溫水循環系統、風扇電機電路和控制調節槓桿等幾個部份查起(圖3-12、圖3-13)。

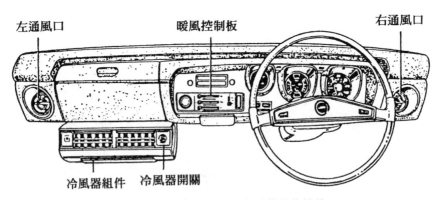

圖3-12　暖氣設備與冷氣設備操作機構

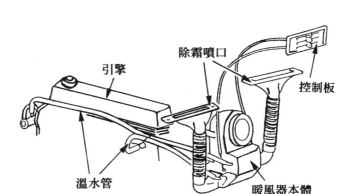

圖3-13　暖氣系統簡圖

○故障快速排除

(1)　檢查控制板上調節槓桿相對位置是否能防止"暖風"、"換氣"換錯位置。

(2)　檢查暖風器開關能否轉換,風量能否調節。

(3)　檢查控制板上的調節槓桿動作是否靈活。

(4)　檢查熱氣機本體有無漏水。

(5)　檢查引擎到暖氣設備的溫水循環系統中的橡膠管有無老化、龜裂或夾具鬆動、漏水。

(6)　暖氣設備工作中,若從風扇電機等處發出異響,證明風扇馬達不良。

冷氣設備故障快速排除

　　和家庭用冷氣設備不同,由於汽車冷氣機是在震動、塵埃、引擎烘烤和連續運轉的嚴酷條件下工作,因此它是一個易損件(圖3-14)。

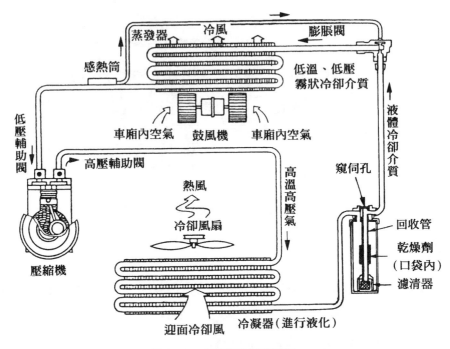

圖3-14 冷氣機的製冷循環

　　汽車冷氣機故障大致包括：不能製冷、冷度不夠、易引起引擎過熱和出現異常聲響等。檢查汽車冷氣機必須有專門的技術和工具。如果駕駛員隨便拆掉冷氣設備系統中的零件，不僅會損壞冷氣機本身，而且由於冷氣設備系統中充有的高壓冷卻介質(冷媒)對人體有危害，因此不能隨意擺弄。

○故障快速排除

⑴　接通冷氣機開關，壓縮機開始工作時，引擎聲音稍微增大，這種情況為正常。

⑵　用手交替觸換連接壓縮機的兩根管子，若感到有溫差(進入壓縮機的管子溫度高)，說明情況良好。

⑶　從回收管側面的玻璃看冷媒的狀態，如果時時能見到氣泡為正常；
　　氣泡特別多則為漏氣。

⑷　冷氣機的各連接部位有油漬者，說明這部份漏氣。

⑸　測量冷氣機的空氣入口與出口溫度差，如果相差約5℃時為正常。
　　但是要在引擎轉速為2500r/min、鼓風機開關在HI(右)位置，加熱開
　　關在LOW(左)位置、而且在背陰的地方將車門全部打開的條件下進
　　行測量。

⑹　用彈簧秤釣住壓縮機驅動皮帶(所釣部位參見圖3-15)，施以98N(10
　　kgf)拉力時，皮帶彎曲撓度若在5mm左右，則說明皮帶張緊度符合
　　要求。

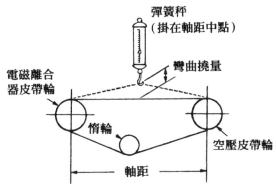

圖3-15　檢查空壓機三角度帶的張緊度

冷氣機的保養檢查

　　在診斷冷風器故障的同時，還有下列幾項重要的保養檢查作業：

⑴　清洗冷風器的空氣濾清器。

⑵　當壓縮機裡塞滿了泥沙和灰塵後，會造成製冷效果變差，因此須用
　　清水將髒物洗淨。

(3)　檢查壓縮機的驅動皮帶張緊度。

(4)　檢查冷風器放水管有無鬆脫。

(5)　檢查有無漏氣部位。

(6)　補充壓縮機潤滑油。

喇叭的故障快速排除

　　通常汽車喇叭很少出毛病，時有喇叭鳴響不止或根本不響故障，其原因多是因電門不良所致，故可檢查電門周圍有無故障。遇到喇叭鳴響不止時，趕緊打開喇叭繼電器，把三個接線柱中標有 B 或 H 記號中的任一個拆下，即可停止響聲。

　　遇到喇叭音量太低或根本不響時，可通過接地檢查線路、檢查蓄電池電量、導線和各接點等部位，即可把握故障所在。最方便的是用一把螺絲起子，先左右旋轉喇叭內側的調整螺釘，如果音量音調發生轉變，請見好就收，將螺絲鎖止住即可。

第四章

汽車常見故障
起因 Q&A

Q　清晨，汽車引擎剛一發動時，聽到引擎室內發出"咔噠、咔噠"的連續響聲，但待引擎溫度上昇之後，異響便消失了，何故？

A　這種故障在舊車中常見。其原因是：活塞和缸套(壁)磨損間隙增大，致使發生異響，也就是活塞對汽缸壁的側向撞擊聲。引擎熱起後異響消失，是因為活塞受熱膨脹，活塞與缸壁的間隙變小的緣故。此故障會增加燃油與機油的消耗。如果僅冷車時發響而暖車後異響消失，尚可使用；如果熱機也響，則必須送修。

Q　盛夏時節，因交通阻塞，汽車在緩緩的行駛過程中，引擎轉速下降，甚至眼看像要熄火似的，什麼原因？

A　汽車因交通阻塞等原因，引擎長時間持續地在低速下運轉，此時，因水泵轉速下降，冷卻水的循環速度變慢，因而引起引擎過熱。汽油受熱變成蒸氣，部分油路發生汽阻，致使汽油供給量不足、引擎工作不良。

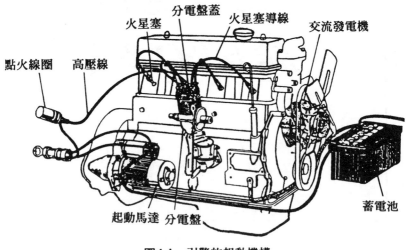

火星塞　分電盤蓋　火星塞導線　交流發電機

點火線圈　高壓線

起動馬達　分電盤

蓄電池

圖4-1　引擎的起動機構

　　另外，汽車在交通混亂的地區行駛，如果起步、停車次數過多，因汽油受熱變成蒸汽，使得從化油器出來的汽油超過了需要量而造成混合汽過濃，其結果，也會引起引擎運轉不穩、低速運轉不良，甚至有時還會熄火，再起動很困難。引擎起動機構參見圖4-1。

Q　汽車在交叉路口等待交通信號時，引擎突然停止運轉，不能再起動。尾隨的車輛不停地鳴喇叭催促，然而，越是性急，引擎越是起動不著，什麼原因？

A　最大可能性是由於引擎怠速過低，即怠速調整不良。利用引擎煞車(engine brake)時，由於混合汽燃燒極不穩定，此時，如果引擎怠速很低，引擎也會立即停止運轉。

Q　引擎運轉情況不大正常，引擎室內發出"啪嘰、啪嘰"響聲。此外，汽缸周圍有明顯的"噗嘶、噗嘶"音，檢視發現，汽缸周圍已被機油弄髒。上述情況是什麼原因造成的？

A　前一種情況是引擎某缸火星塞高壓線沒有插牢，因而產生漏電，異響是漏電時發生的電火花聲音。分電盤蓋有裂縫時，也會出現同樣的徵狀(圖4-2)。

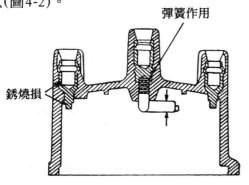

圖4-2　分電盤蓋

後一種情況，則是由於火星塞緊固不良引起壓縮衝程時，混合汽洩漏造成的。

Q　汽車在烈日下長時間停駛時，引擎不能起動的原因是什麼？

A　汽車在烈日下長時間停放後，化油器浮筒室和油路中的汽油，因受熱形成極濃的混合汽，這些混合汽被凝聚在化油器，進汽歧管及其附近的管路中。起動時，節汽門開度迅速加大，致使進汽歧管壁上的混合汽越變越濃，形成"油海"。火星塞被汽油濡濕，高壓電火花無法跳火星塞間隙，引擎無法點火起動。

　　此故障的排除方法：駕駛員可將油門踏板踩下一半踏板行程後不動，再稍微延長一些起動馬達運轉的時間，引擎即可著火。如果火星塞濡濕得很嚴重時，應卸下火星塞，用乾布等將油污擦拭乾淨，而後裝回。此時引擎應一踩即"點火"。

Q　汽油引擎空載運行時，消聲器排冒黑煙，引擎熄火後，從消聲器管端往裡看，發現在管的內壁上黏附厚厚一層焦油狀的黑炭。何故？如何處理？

A　汽油引擎工作時，排冒黑煙(有時可嗅到刺鼻的"汽油"味)是混合汽過濃的現象。有經驗者知，正常引擎混合汽充分燃燒時，同柴火的正常燃燒一樣，不大會冒黑煙，頂多有一些呈灰白色的、乾燥的積碳附著在排汽管尾部。

　　空氣濾清器堵塞後，應立即清洗、吹淨，按規定重新加注機油。

　　浮筒室油面過高，可將浮筒室內浮筒的舌片適當扳動一些，或在針閥座下面增加墊片予以調整；浮筒破裂、漏油，應予以焊修或更換(參見圖4-3、圖4-4)。

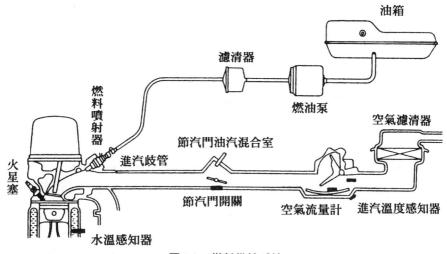

圖4-3　燃料供給系統

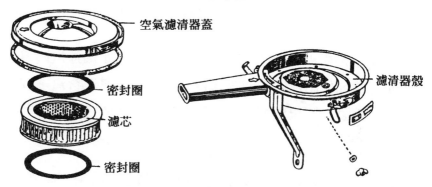

圖4-4　空氣濾清器零件

Q　採用高辛烷值汽油，引擎的油耗會有所改善嗎？

A　一直使用普通汽油(高辛烷值為75～85)而狀況良好的引擎，若偶爾使用了高辛烷值汽油(辛烷值90以上)後，引擎性能未必比使用普通汽油時更好。如果引擎的點火提前角不變，功率有時反而下降。故當引擎換用高辛烷值汽油以代替普通汽油時，所使用的點火提前角須比原提前角大(提早5°左右)。

為適應環保法規,裝用觸媒轉換器的車輛,必須嚴禁使用高辛烷值汽油,否則觸媒接觸到這種汽油蒸汽後會很快失效。

Q 暴風雨天氣,汽車駛過水淹地,為什麼引擎熄火後再也起動不著?

A 這是因為點火系統灌進了水的緣故。點火器中灌進水後,會像濕火柴棒劃不著一樣,高壓跳火中斷,因此引擎馬達不著。

在這種情況下,可用乾布擦淨火星塞、分電盤蓋上的水,使這些零件恢復原狀況。另外,當汽車在能淹沒過消聲器的深水地行駛時,因不能排汽,也會"憋滅"引擎,這一點務請注意。

Q 暖車運轉中,引擎排放出無色的廢汽,而行駛過程中利用引擎煞車(engine brake)後再加速時,為什麼會從消聲器尾管排出團團白煙?

A 利用引擎煞車時,汽缸內的壓力非常低,如果進汽門導管、活塞磨損嚴重,機油便由汽門間隙等處竄入燃燒室,與混合汽一同燃燒,此時可見排汽消聲器冒出團團白煙。冒白煙是一種危險信號,如果嚴重,必須馬上送修。

Q 在寒冷的早晨起動引擎時,最初尚能聽到"噗嚕、噗嚕"的起動機運轉聲,但此後一點聲音都聽不到了,是什麼原因?如何解決?

A 出現這種情況,可以斷定高壓跳火正常,並且化油器來油,起動馬達也無故障,但是引擎就是發動不起來,此時,有的駕駛員會生氣地關小阻風門,使勁地踩加速踏板(轟油門),結果使過濃的混合汽被吸入燃燒室。由於空氣量不足,濃混合汽中汽油量過多,致使引擎起動不著。

此時,可將雙金屬殼略微向反時針方向轉動一些;打開空氣濾清器蓋,用螺絲起子等隨車工具把阻風門(圖4-5)打開到直立位置(即全開位置)，不要向汽缸內輸入汽油混合汽，僅吸進空氣以稀釋缸內的過濃混合汽，這樣引擎即可順利起動。

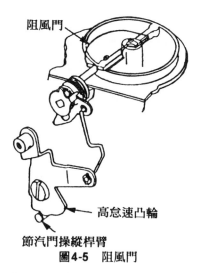

阻風門

高怠速凸輪

節汽門操縱桿臂
圖4-5　阻風門

Q　有時引擎已經引擎著了，為什麼腳一離開加速踏板，引擎會馬上熄火？

A　有可能是引擎怠速調整不良(低速調整)，或因化油器的怠速噴嘴被堵塞所致。所謂怠速運轉，是指駕駛員腳離開加速踏板後，引擎在無負荷(即對外無功率輸出)的情況下，仍以最低轉速穩定運轉。若此轉速過低，引擎會"嘎嗒、嘎嗒"震抖起來，運轉變得極不穩定以致熄火；若此轉速過高，則油耗增大。

　　另外，拉阻風門時引擎熄火，是化油器高怠速機構調整不良。

Q　這是冷天早晨發生的事：引擎起動後不久，溫度剛剛上昇，發現消聲器尾管流出一些水來，何故？

A　這是混合汽燃燒時產生的水蒸汽冷凝而成的水滴。汽油一經燃燒，即反應生成水(H_2O)和二氧化碳(CO_2)。通常水變成了蒸汽自然地消失在大氣之中，但在寒天，水蒸汽因不易散發而冷凝形成水滴從消聲器尾管流出，僅此而已，完全不必擔心。

　　但是，如果流出的水很多，則應另當別論。那是因爲水套中的冷卻水進入汽缸和廢汽一塊排出的緣故，此屬汽缸墊的故障。確認這一故障時，須檢查散熱器(水箱)中的冷卻水量是否急劇減少(圖4-6)。

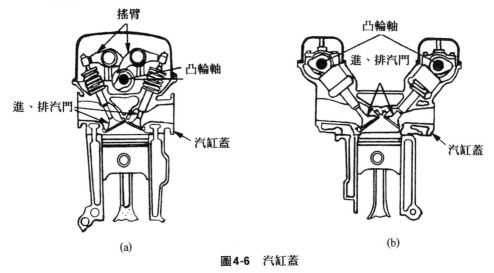

圖4-6　汽缸蓋

Q　看起來起動馬達似乎就要轉動，突然"嘎——"一聲後停轉了，什麼原因呢？

A　起動馬達驅動齒輪與引擎飛輪齒圈相"咬死"，就會出現上述情況。該情況通常很少發生，之所以造成齒輪與齒圈"咬死"，往往是因離合器等零件脫落所致。此時，可將變速器換入最高檔或三檔，人在車的前方向後推，異物掉出後，起動馬達即可恢復正常工作。

Q　發現在剛卸下的機油加油口蓋內側敷著一層灰白色、黏糊狀的東西，機油也受污呈白色，這是什麼原因引起的？

A　灰白色黏狀物是因機油與竄缸汽體(即從燃燒室通過缸筒和活塞之間的縫隙，漏入曲軸箱中的廢汽)中的水蒸氣形成的。如果量少，可以不必擔心。但是，如果機油加油口蓋掛滿了乳白色機油或機油泛白混濁，則為重症。這種情況，有可能是汽缸墊密封不良，致使冷卻水流進油底殼後造成的。

　　是否因為汽缸墊密封不良而導致上述症狀，可用下面的方法確認查明：檢視散熱器副水箱中冷卻水量減少情況的同時，卸下散熱器蓋，檢查冷卻水質量，如果冷卻水面浮有斑狀油滴，或冷卻水變褐色，即可斷言十有八九是汽缸墊密封不良或燒壞。冷卻水流進機油中，將會導致機油的潤滑性能下降；反之，如果機油滲入冷卻水中，冷卻水的冷卻能力就會降低。不論哪種情況，都不是好現象。

Q　使用換油器更換機油，這種方法好嗎？應注意哪些問題？

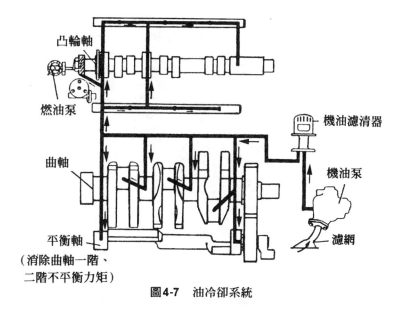

圖4-7　油冷卻系統

A 用機油換油器更換機油，既簡便又省時。但是，機油換油器不能把殘留在油底殼部的金屬屑及油泥等雜物徹底抽盡。因此，使用換油器更換機油最好分兩步進行：首先卸下曲軸箱油底殼底部的放油螺塞，把舊機油徹底地放掉，而後再使用換油器進行換油。換油時務請注意不要忘記換上新的放油螺塞墊圈，以防機油向外滲漏(參見圖4-7)。

Q 晴天，引擎蓋內濕漉漉的是何原因？

A 這是因為水泵(圖4-8)密封不良的緣故。冷卻水從密封處洩漏出來滴在曲軸皮帶輪上後，在離心力的作用下，水被濺得到處都是。出現這種現象後，如果置之不理，將會招致冷卻水不足而引起引擎過熱病症。必須更換水泵密封件。

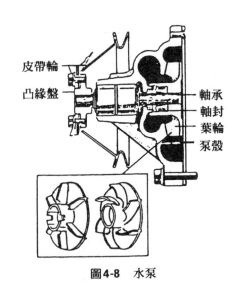

圖4-8 水泵

Q 為什麼引擎停止工作後不久，常可聽到幾聲金屬敲擊音響？

A 為適應環保法規要求，現代汽車引擎的排汽系統被罩在一個不銹鋼罩內。當引擎停機之後，機溫急劇下降時所聽到的金屬敲擊聲，是這種罩子發生熱應變產生的音響，可不必擔心。

Q　行駛途中，忽然引擎轉速降不下來，車速難以控制，請問何故？

A　節汽門回位不良會出現這種情況。節汽門回位不良是因加速踏板操縱桿卡住、脫落，或有異物卡住了節汽門所致。

　　節汽門是通過踏板操縱機構帶動的。若駕駛員將腳從加速踏板抬起時，則節汽門應能在彈簧力的作用下回到原位(立即關閉)。如果節汽門操縱機構因鋼絲繩脫落、回位彈簧折斷或卡住異物等原因，造成節汽門關閉失靈時，即使腳離開加速踏板，引擎卻仍處於節汽門開啓狀態("給油")下運轉，轉速降不下來，汽車很可能亂跑亂撞難以控制。因此，發現此種故障苗頭，應立即停機送廠檢修(參見圖4-9)。

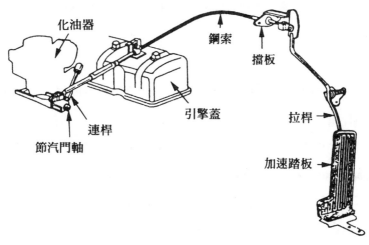

圖4-9　從加速踏板到化油器的供油機構

Q　冬天，汽車在露天停放了一夜，待第二天用車時，蓄電池很正常，爲何起動不著？

A　從所談的情況分析，前一天還是好好的引擎，不會因爲一夜之隔而點火系統就出了毛病,尤其不可能高壓火花不跳火。引擎起動不著的原因是引擎過冷而造成汽油不能霧化所致。

　　為了使汽油易於霧化,可用熱毛巾等熱一熱化油器和進汽歧管,是很有效果的。

　　還有一個值得注意的問題:當氣溫很低時,蓄電池內部化學反應變慢,性能低下,加之頻頻使用起動馬達,蓄電池很快就會報廢,造成雙重故障。

Q　更換火星塞後發動引擎,為什麼化油器附近會發出"梆、梆"的異響聲,而且引擎工作極不正常?

A　火星塞更換之前確無此徵狀,則可斷定是將原來火星塞的點火順序弄錯了。具體一些講,徵狀是各缸高壓線(由分電盤蓋旁插孔引出的、連接分電盤蓋和火星塞的導線)未按點火次序依分火頭旋轉方向正確接插引起的。

　　點火次序因引擎類型而異。通常,直列4缸引擎點火次序為1-3-4-2或1-2-4-3兩種。由分電盤蓋旁插孔引出的高壓線必須按引擎工作次序分別與各汽缸火星塞的中心電極相連,譬如,第一缸在壓縮終了活塞處於上死點(top dead center)位置,若白金接點張開時,分火頭指向某一側電極,便將與此側相連的高壓線接向第一缸火星塞;如果接向第三缸火星塞就錯了。火星塞更換作業中,將原火星塞順序搞錯就會引起前面提到的徵狀。

　　點火次序雖正確無誤,可是引擎的運轉情況仍不正常,這是一些簡單部位意外原因引起的。譬如,把火星塞旋入汽缸蓋的火星塞孔很深的引擎上時,如果火星塞電極損壞或因螺紋未對準,而強行旋入致使螺紋損壞引起壓縮汽體竄漏等情況，都是導致引擎工作不正常的原因。

　　此外，如果使用了熱特性不對的火星塞，同樣會引起引擎運轉不良的情況。

Q　爲何更換了分電盤的白金接點後，引擎仍起動不了？

A　可能有這麼幾種原因：白金(圖4-10)間隙調整不當；分火頭裝配不良；接點引出導線鬆脫；點火線圈的接線錯誤；電容器安裝不良等。最初因對新品的白金臂進行防銹處理後，未很好擦拭清潔就裝復了，從而造成白金開閉不良的情況也是有的。

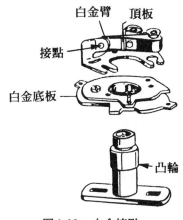

白金臂　　頂板

接點

白金底板

凸輪

圖4-10　白金接點

Q　踩下離合器踏板換檔時，爲什麼車身會強烈震動？鬆抬踏板，爲什麼離合器又接合不穩呢？

A　這是離合器打滑時發生顫動的一種現象(又稱離合器等的顫動與噪音)。汽車在正常行駛中，離合器不應打滑，但在"離"與"合"的過程中，又存在著不可避免的和一定程度的滑轉。

　　離合器打滑分兩種情況：①引擎冷態時離合器不打滑，而當溫度一經上昇便出現打滑的情況；②與溫度上昇與否無關的情況。

　　前一種情況，是因離合器片磨損變薄，壓板的位置向飛輪一側移動，從而使得膜片彈簧(本身兼起壓緊彈簧和釋放叉桿的作用)的內端向釋放軸承靠近，膜片彈簧的部分壓力爲釋放軸承所承擔，致使其壓緊離合器片的壓力被抵消了一部分。在此狀態下，駕駛員雖未踩下離合器踏板卻如同踩下踏板一樣，離合器出現打滑，影響了接合的可靠性。

　　後者是因離合器片表面磨損過度或油污所造成。

　　換檔時汽車強烈震動及離合器接合不穩，除離合器自身原因外，尚與引擎、變速器的支承緩衝不良、後懸吊鬆動或裝配不良、輪胎不合適和胎壓不符合規定等因素有關。

Q　爲什麼離合器踏板完全放鬆後無任何異常，而踩下踏板時會"沙、沙"發響呢？

A　踩下踏板時，離合器發響有可能是以下幾種原因：

　　⑴來自離合器操縱機構的摩擦聲。

　　⑵裝配在釋放叉前端的釋放軸承不良。

　　⑶潤滑油乾涸等等。

　　特別是第二種原因，若離合器片間隙正常，在離合器處於接合狀態時，膜片彈簧和釋放軸承出現間隙，因而異響不會發生。但是，離合器間隙不足時，儘管腳離開了踏板，因釋放軸承與膜片彈簧的前端或釋放叉相接觸，此時，只要引擎運轉，釋放軸承也總是在運動，加之釋放軸承本身不良，肯定會有異響發生(參見圖4-11、圖4-12)。

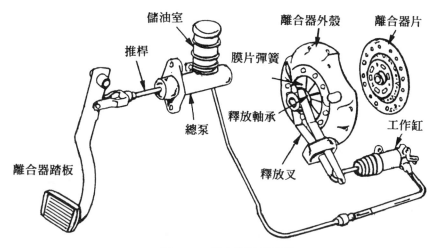

圖4-11　離合器操縱機構

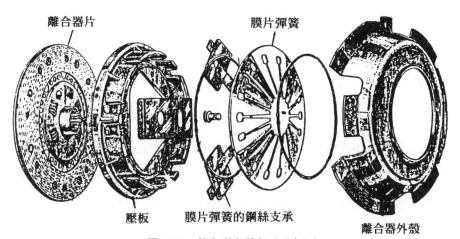

圖4-12　離合器主體部分分解圖

Q　汽車停放了一個多月後繼續使用，爲什麼踩離合器踏板換檔時，出現離合器分離不徹底、發響及變速器"打齒"等故障？

A　離合器分離不徹底病徵，大致有兩種表現形式，一種是伴有"咔、咔"異響的情況；另一種情況是踩下離合器踏板時，猶如踩在浸水的海綿上那樣"嘩、嘩"作響，離合器始終切不開。

　　如果離合器分離不徹底，變速器換上檔後，互相嚙合的齒輪對運轉時有撞擊而發響。因此，離合器分離是否徹底，可按照下述方法進行診斷：起動引擎，踩下離合器踏板，換入倒車檔，此時若有齒輪的撞擊聲，說明離合器分離不良。

　　液壓操縱式離合器，如果斷油或油液不足，每當踩下離合器踏板時，便有空氣混入管路，所以，踩下踏板繼而聽到"嘩、嘩"的聲響和離合器發生分離不徹底故障。

　　除上面這些原因外，還可能是因為車輛長期不用，離合器片銹蝕膠著在飛輪上。一俟查明確係此徵，可採用應急處置方法，即換高速檔後踩下離合器踏板，啟動起動馬達運轉。即便如此，離合器仍分離不開，可由一人踩下離合器踏板不動，另一人前後推動汽車。

Q　在高速公路的行駛中，當換上高檔、鬆開離合器踏板、踩加速踏板"給油"時，引擎轉速很高而車卻跑不快，這是什麼緣故？

A　這是因為驅動輪與引擎轉速不相匹配及某部位的扭矩損失造成的。在傳遞引擎扭矩過程中，除離合器部位會有扭矩損失外，別無他處。因此，無容置疑，出現傳動效率降低而導致車速提不高的根源是離合器打滑。

　　離合器打滑常常是諸多原因交織在一起造成的。其中，離合器片磨損、離合器壓板彈簧彈力太弱甚至損壞、踏板調整不當、釋放桿卡死、壓板不平卡住驅動突緣，是離合器打滑的主要原因。而離合器打滑時的主要表現形式為離合器踏板的自由行程不足(圖4-13)。

　　出現離合器打滑徵狀時，首先檢查離合器踏板自由行程是否符合規定。若行程不足，應作如下調整：旋動踏板高度調整螺帽，通過調整自由行程的辦法，來保證踏板總行程(調整方法因車而異)。許多場合，離合器打滑時，踏板自由行程為零。

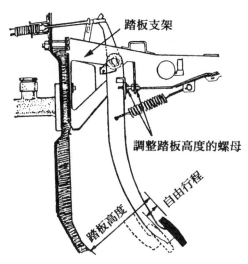

圖4-13　離合器踏板自由行程

Q　行駛中，手在方向盤上被震得發麻，此時駕駛員必須時時校正方向盤才能維持汽車直前行駛，精神極度緊張和疲勞。這是什麼原因速成的？

A　性能狀況良好的汽車，無論以什麼速度行駛，都不會出現方向盤的震動現象。但是，如果從方向盤到轉向輪的整套轉向機構某部鬆動的話，就會引起方向盤的擺震。

　　此外，前輪失衡(動平衡)、前輪定位不正確、懸吊彈性元件不良、輪胎氣壓不足等引起的震動，還會波及轉向控制機構、前軸、後懸吊、車身及輪胎等等，而方向盤的震動是以上各部震動的總體表現。

Q　汽車在山路、砂礫和石頭很多的濕路上行駛時，為什麼車輪跳躍以致行車極不平穩？

A　在輪胎充氣過量或避震器失靈的狀況下，如果汽車行駛在不平坦的路面上或遇到路面上的障礙物時，即可能出現行駛平穩性下降的現象。按理說，只要輪胎氣壓按標準充氣，就不會有問題。但是，若避震器有了故障而不能伸張、壓縮，汽車又在凸凹不平的山路等地行駛時，車架的震動不但得不到衰減，而且會直接傳到車身，造成行駛不平穩。

　　避震器(圖4-14)的檢查方法是：屬於雙向筒式避震器的場合(目前汽車上廣泛採用這種避震器)，在儲油缸筒等處有避震油液滲漏出來能很快發現。此時必須趕緊更換。

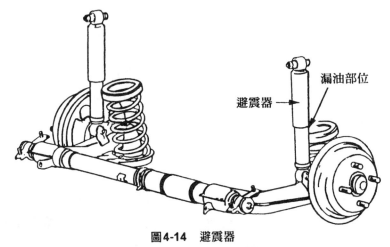

漏油部位

避震器

圖4-14　避震器

Q　在高速公路上行駛時，為什麼向右轉彎無任何異響，而只要向左轉彎時，就能聽到輪胎部發出難聽的怪聲？

A　在高速公路上急轉彎時，車輪部發出異響往往行駛系統帶有綜合病徵的表現。因為方向盤都安裝在駕駛室的一側，所以，此種異響駕駛員會馬上聽到。

　　產生行駛異響的原因是左右輪胎氣壓不一致、輪胎偏磨損、左側或右側的懸吊不當、前輪外傾角過大或轉向節主銷後傾角過小等引起的。

　　車輛使用得法，前輪定位很少失常；如果車架、懸吊損壞，則是造成前輪定位失常的原因(圖4-15)。

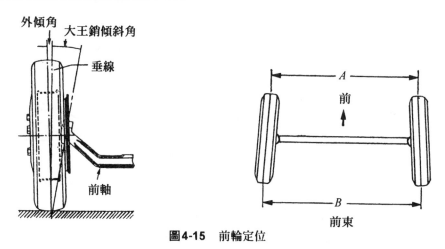

外傾角　大王銷傾斜角　垂線　前軸　前　A　B　前束

圖4-15　前輪定位

Q　駕駛一輛前置引擎前輪驅動型汽車，為什麼轉彎行駛時，汽車前傳動軸發生"咯嗒、咯嗒"的響聲？

A　這是由於傳動透過萬向節鬆動造成的。萬向節是由兩個萬向節叉的孔分別套在十字軸的兩對軸頸上。在十字軸頸和萬向節叉間裝有滾針軸承，行駛中，因塵垢侵入其中和潤滑不良導致十字軸頸嚴重磨損與銹蝕，造成汽車行駛中傳動軸的擺震、噪聲。

　　潤滑不良可能是傳動軸接頭部的橡膠防塵罩破損、潤滑油外流引起的。

Q　起步或換檔時，汽車地板後下方發響，同時感覺變速桿很重，請問何故？

A 在前置引擎後驅動的汽車上，若辨別清楚響聲發自變速器前或傳動軸以後的話，故障原因就容易弄明白了。

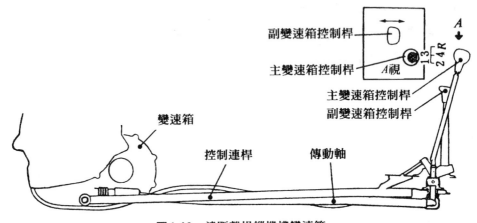

圖4-16　遠距離操縱機構變速箱

變速器發響，係因遠距離操縱機構(圖4-16)的變速桿、撥叉類不良而導致相互嚙合的齒輪在運轉時發生撞擊等引起的。汽車起步時和運行中，傳動軸發響多半是傳動軸花鍵齒與花鍵套磨損鬆動所造成。此外，萬向節十字軸及滾針磨損鬆動；變速器輸入軸花鍵與凸緣花鍵槽磨損鬆動；傳動軸連接螺栓鬆動或脫落等，也可能引起傳動軸在汽車起步時發響。

Q 行駛途中採取煞車時，為什麼煞車踏板不踩到底，煞車的煞車作用會降低？

A 駕駛者不以足夠的力量去踩煞車踏板來產生煞車鼓上所需要的壓力，當然要大大減低煞車效能。換言之，煞車作用變糟，是因煞車蹄片(總成)壓向煞車鼓所產生的摩擦力下降引起的。
　　現在，有的汽車併用了碟式煞車(裝於前輪)(圖4-17)和鼓式煞車(裝於後輪)兩套煞車系統，雖然兩者結構不同，但是煞車原理是一樣的，即"把動能變為熱能散發掉"而使汽車減速或停駛。因此，如果煞車踏板不踩到底(也有人稱之為"不踩實")，汽車長時間處於半煞車狀態下行車，煞車來令片上產生高熱，致使蹄與鼓間的摩擦阻力下降而最終導致煞車效果的降低。

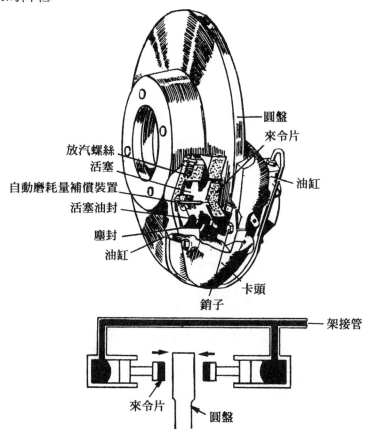

放汽螺絲
活塞
自動磨耗量補償裝置
活塞油封
塵封
油缸
圓盤
來令片
油缸
卡頭
銷子

來令片
圓盤
架接管

圖4-17 圓盤式煞車構造及煞車原理

Q 連續踩煞車踏板時，踏板一次比一次低，最後碰到駕駛室地板上，煞車效果仍然不佳，請問何故？

A   煞車踏板碰到駕駛室地板通是兩種情況：一種情況是踩下踏板時，感到無任何阻力踏板一下子便陷落到地板；另一種情況是連續踩2～3次踏板(有軟綿綿之感)後，踏板碰上地板。兩種情況即使踏板都踩到極限(地板)，煞車都不顯著。尤其是後一種情況，煞車不能"一腳靈"，這對於在緊急狀態下採取煞車是非常危險的。

　　上述徵狀是由於煞車的來令片磨損嚴重而造成煞車鼓與來令片間隙變大所致。此外，若煞車總泵內煞車油不足，煞車時也會出現踏板踩到底煞車作用仍不顯著的故障現象。

Q   新換上的蓄電池，為什麼僅使用了一週左右就沒電了呢？

A   蓄電池的壽命，隨使用條件、環境和維修保養等不同而有相當大的差異。一般來講，汽車按一個月行駛2000km計，蓄電池使用期達兩年，即符合標準。那麼剛剛換上不長時間的蓄電池，使用僅僅一週就沒電子，查原因很可能是最初就把未充足電的蓄電池裝上了。

　　如果駕駛員在車上裝用了耗電量很大的自選電器元件，也有可能出現新舊蓄電池放電過多而電能很快耗盡之情況。

Q   請問從蓄電池通汽孔塞週圍逸出大量的電解液汽泡是怎麼一回事？

A   這是蓄電池過度充電引起的。蓄電池過度充電是由於充電系統的穩壓電源不良，致使充電電壓變高，因此會出現問及的徵狀。在此狀況下，蓄電池的電解液馬上會消耗盡，嚴重時，蓄電池將徹底損壞(圖4-18)。

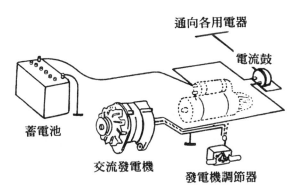

圖4-18　充電系統

Q　有時發現蓄電池電極接線樁和緊固螺栓上佈滿了白霜狀的東西，把蓄電池弄得很髒，請問這些白花花的霜狀污物是怎樣形成的？要不要緊？如何處理乾淨？

A　這些白霜狀污物實際上是電池中電解液逸出後，腐蝕了周圍金屬而形成的化學鹽。如果置之不理，會導致蓄電池接線樁導電不良，致使起動馬達起動困難和蓄電池過放電。因此，發現這種情況後，應及時將這些白霜狀污物清除乾淨。方法很簡單：拆下固裝在蓄電池電極接線樁上的導線，然後用螺絲起子或紙等將黏附在該部位的髒物剔除乾淨。為了防銹，固裝導線後，最好再塗抹上一層黃油。

　　洗車時，除清洗車身外，同時也應洗刷一下蓄電池外表，而後用布擦乾附於上面的水滴。

Q　行駛途中，發現方向燈不閃了，請問應該如何查明故障原因？

A　不論向左或向右扳動方向燈開關，駕駛室儀錶板上的方向指示燈不亮，也聽不到方向燈閃爍器的聲音時(俗稱"蹦燈")，首先懷疑是否保險絲燒斷？檢查方法很簡單：掀開保險盒蓋，一眼可見方向燈的保險絲在上數第4排(註有15A)的位置上。但旁文註明此保險絲還與雨刷電路相通,因此,若啓動雨刷開關後,雨刷如果作動,則證明方向燈不閃,並非保險絲故障,排除此懷疑,再檢查保險絲前面的線路或方向燈閃光器有無毛病(參見圖4-19)。

在保險絲完好卻不亮的情況下,還可檢視一下究竟左右兩邊燈都不亮呢還是只一邊不閃?如果只是一邊燈不閃,有可能是燈泡壞了或接觸不良造成的;若兩邊方向燈都不閃,可能是方向燈開關或閃光器不良(圖4-20)。

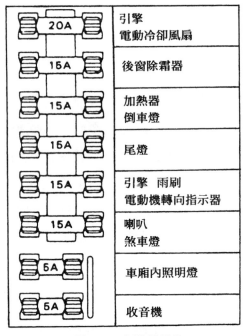

20A	引擎 電動冷卻風扇
15A	後窗除霜器
15A	加熱器 倒車燈
15A	尾燈
15A	引擎　雨刷 電動機轉向指示器
15A	喇叭 煞車燈
5A	車廂內照明燈
5A	收音機

圖4-19　保險絲部件

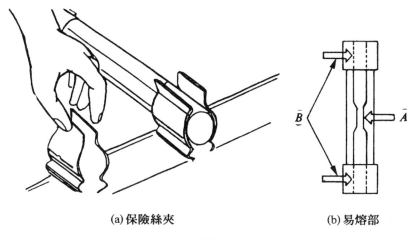

(a) 保險絲夾　　　　　　　(b) 易熔部

圖4-20　保險絲的檢查

Q 本人雖想更換新品頭燈，但因不懂調整方法，十分為難。請您指點一下。

A 正常情況，只要不亂動光軸調整螺釘，照理光軸是不會變化的。但是，如果更換燈泡時不小心裝歪，光軸會變化。

　　有一簡便的調該方法：選擇一條平坦路，按規定充足左右輪胎氣壓，維持汽車空載狀態，利用現場牆壁等製作一塊受光屏幕，而後：

　①使汽車前照燈距受光屏幕3m處，垂直、擺正、停穩。

　②測出左右前照燈的高度，用粉筆在受光屏幕上畫一條低於前照燈高度27mm的水平調整線。

　③在屏幕上設定左右前照燈的中心垂直線，於是找到中垂線與水平調整線的交點F。

　④在前照燈鉛垂方向和水平方向各有二根遠光調整螺絲，旋動這幾根螺絲，使主光軸會聚到交點F，此時即為前照燈的遠光燈光狀態。

⑤如果是密閉式前照燈(即真空前照燈)，燈泡壞了以後，只有更換
　頭燈總成。卸燈泡時，只要握著頭燈向左旋轉，總成即可卸下。
　確實難以卸下時，可將光軸調整螺絲鬆開，就很容易卸下。

　　此外，調整螺絲鬆動時，光軸往往會變化，這時請按照前述的要領
予以調整(圖4-21、圖4-22)。

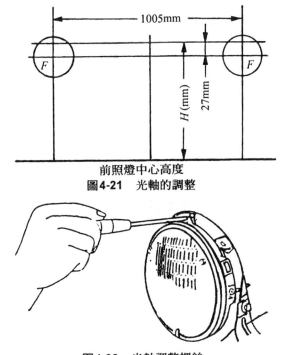

前照燈中心高度

圖4-21　光軸的調整

圖4-22　光軸調整螺絲

Q　踩下煞車踏板緊急停車時，煞車燈不亮是何原因？

A　煞車燈開關有液壓和機械式兩種，大多採用和煞車踏板一起動作
的機械式機構(圖4-23)。在駕駛員踩下煞車踏板時，開關接通，煞車燈
即刻開亮。即使在白天，也能發出明顯可見的強紅光，以提醒尾隨車中
的駕駛員注意車速的控制和停車。如果解除煞車後，煞車燈即行熄滅。

　　一旦發現左右煞車燈都不亮時，應立即查明故障原因。首先著手檢查保險絲是否燒斷，以圖4-19所示的保險絲盒為例，煞車燈保險絲在倒數第三根位置上，因該保險絲與喇叭、煞車燈串聯，如果保險絲斷了，喇叭也必然不能鳴響，所以若喇叭鳴響的話，即可判斷煞車燈不亮之故障原由不在保險絲。

　　保險絲正常，煞車燈卻不亮，有可能是開關或線路的毛病。這時，可卸下煞車燈開關接線柱，直接通電試試。此時若煞車燈亮了，顯然證明是開關方面的故障。

　　左右煞車燈中有一隻不亮時，說明燈泡壞了，那麼只要打開後組合煞車燈的燈罩，換上一隻瓦數相同的燈泡就可以了。

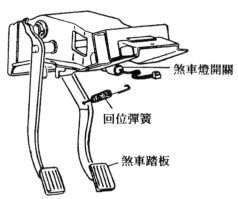

圖4-23　煞車燈開關機構

Q 引擎冷機起動後，在怠速狀況下運轉一段時間，心想引擎大概很熱了吧，但一看水溫錶，錶針並未偏轉。請問引擎冷卻過度或不足有什麼害處？水溫錶失靈是何原因？

A 引擎在最佳狀況下連續運轉時，汽缸蓋內的冷卻水溫度應在75～95℃之間。水溫錶則是用來指示引擎內冷卻水溫度，以便駕駛員能經常掌握冷卻系統工作情況。

　　引擎冷卻應當適度。如果冷卻過度,因熱量散失過多,使轉變成有用功的熱量減少,另外因混合汽與冷的汽缸壁接觸,使其中原已汽化了的燃油重又凝結並流到曲軸箱內,不僅增加了燃油消耗,且使引擎功率下降,磨損加劇。但引擎冷卻不足,又會因汽缸充氣量減少、燃燒不正常和引擎過熱,引擎功率將下降;且引擎零件也會因潤滑不良而加劇磨損;最嚴重時還會招致引擎徹底報廢。

　　水溫錶是否失靈,可這樣檢查:引擎發動後,隨著引擎冷卻水溫的昇高,水溫錶指針若向H(表示高溫)方向偏轉,或電源開關切斷時,錶針向C(表示低溫)方向偏轉的話,即證明水溫錶正常(圖4-24)。

　　根據提問情況分析,水溫錶指針根本不動,是熱敏電阻或水溫錶不良所致。熱敏電阻在一定冷卻水溫時的標準阻值是:80℃時為51.9Ω,100℃時為27.4Ω(圖4-25)。

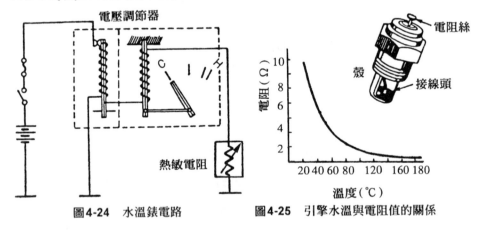

圖4-24　水溫錶電路　　　　圖4-25　引擎水溫與電阻值的關係

第五章

汽車名詞解說

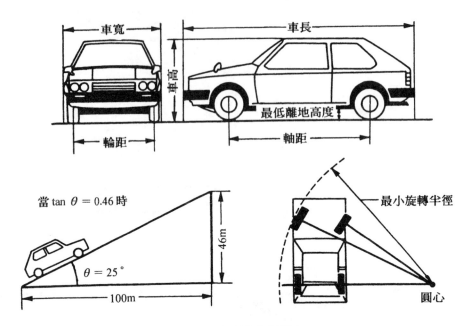

圖5-1　汽車有關的參數簡介

★**車長**──從車頭保險桿到車尾保險桿之間的長度。單位為mm。車長4135mm改稱4.135m比較明確。

★**車寬**──車輛最寬部分的長度。如果照後鏡橫向伸出，則以該部分長度作為車輛的寬度。單位為mm。

★**車高**──裝入汽油和機油而未載客和貨物狀態時的車輛高度。單位為mm。

★**軸距**──由前輪中心至後輪中心的長度。軸短長則車室寬敞。單位為mm。

★**輪距**──左右車輪中心之間的長度。輪距愈長則車輛左右向的穩定性愈高。單位為mm。

★**最低離地高度**──未載乘客和貨物時，由地面到車輛最低部的高度。通常是指地面距油箱及變速箱間的高度。小汽車靜止時的離地高度一般為140～150mm。

★**車重**——注入汽油與機油時的車體重量。單位為kg。

★**乘員限額**——即載客人數。轎車一般規定若為載客5人，是指包括駕駛員在內的人數。

★**上坡能力**——汽車所能爬上的斜坡的最大坡度，用$\tan \theta$表示。例如$\tan \theta = 0.46$表示汽車前進100m，爬高了46m；以角度來表述，就是該車具有爬上約25°斜坡的能力。

★**最小轉彎半徑**——汽車最大限度旋轉方向盤時外側車輪的旋轉圓半徑。半徑小，表示汽車小轉彎好。單位為m。

國家圖書館出版品預行編目資料

汽車故障快速排除 / 石施編著. -- 二
　版. -- 臺北縣土城市：全華圖書，
　2009.02
　　面　；　公分

　ISBN 978-957-21-6474-7(平裝)
　1. 汽車維修
447.166　　　　　　　　97009176

汽車故障快速排除

作者 / 石　施

發行人 / 陳本源

執行編輯 / 莊子逐

出版者 / 全華圖書股份有限公司

郵政帳號 / 0100836-1 號

印刷者 / 宏懋打字印刷股份有限公司

圖書編號 / 0258201

二版六刷 / 2018 年 01 月

定價 / 新台幣 300 元

ISBN / 978-957-21-6474-7(平裝)

全華圖書 / www.chwa.com.tw

全華網路書店 Open Tech / www.opentech.com.tw

若您對書籍內容、排版印刷有任何問題，歡迎來信指導 book@chwa.com.tw

臺北總公司(北區營業處)
地址：23671 新北市土城區忠義路 21 號
電話：(02) 2262-5666
傳真：(02) 6637-3695、6637-3696

中區營業處
地址：40256 臺中市南區樹義一巷 26 號
電話：(04) 2261-8485
傳真：(04) 3600-9806

南區營業處
地址：80769 高雄市三民區應安街 12 號
電話：(07) 381-1377
傳真：(07) 862-5562

23671 新北市土城區忠義路 21 號
全華圖書股份有限公司

行銷企劃部 收

廣告回信
板橋郵局登記證
板橋廣字第540號